高水头平面事故闸门动水闭门的水动力实验和数值模拟研究

章晋雄　著

·北京·

内 容 提 要

泄水建筑物的平面事故闸门动水闭门的可靠性直接影响着工程的泄水安全。闸门动水闭门水流属于非恒定的高速水气两相湍流，水动力特性复杂。本书介绍了平面闸门水动力学研究进展、高水头平面闸门动水闭门的水动力实验及数值模拟的方法和成果，内容主要涉及3个方面：采用闸门动态实验方法，深入研究了典型闸门动水关闭水流及水动力荷载特征；基于物理模型试验及原型观测结果论证，提出了适合高水头平面闸门动水关闭的水动力数值模拟方法；采用数值模拟方法系统研究了闸门底缘体型及水力参数对闸门水动力特性的影响，揭示了闸门上托力及上托力系数随上游底缘倾角和厚度参数组合变化的关系，揭示了下游底缘倾角及上、下游水头对闸门下吸力的影响规律，提出了下吸力系数和淹没水头系数的拟合计算公式。

本书可供从事闸门水力学、高速水力学等相关研究的科研人员、设计人员、高校教师与研究生参考。

图书在版编目（CIP）数据

高水头平面事故闸门动水闭门的水动力实验和数值模拟研究 / 章晋雄著. -- 北京 : 中国水利水电出版社, 2016.12

ISBN 978-7-5170-5080-3

Ⅰ. ①高… Ⅱ. ①章… Ⅲ. ①高水头－平面闸门－水动力学－实验－研究②高水头－平面闸门－水动力学－数值模拟－研究 Ⅳ. ①TV663

中国版本图书馆CIP数据核字(2016)第322813号

书　　名	**高水头平面事故闸门动水闭门的水动力实验和数值模拟研究** GAOSHUITOU PINGMIAN SHIGU ZHAMEN DONGSHUI BIMEN DE SHUIDONGLI SHIYAN HE SHUZHI MONI YANJIU
作　　者	章晋雄　著
出版发行	中国水利水电出版社 （北京市海淀区玉渊潭南路1号D座　100038） 网址：www.waterpub.com.cn E-mail：sales@waterpub.com.cn 电话：(010) 68367658（营销中心）
经　　售	北京科水图书销售中心（零售） 电话：(010) 88383994、63202643、68545874 全国各地新华书店和相关出版物销售网点
排　　版	中国水利水电出版社微机排版中心
印　　刷	虎彩印艺股份有限公司
规　　格	170mm×240mm　16开本　6印张　114千字
版　　次	2016年12月第1版　2016年12月第1次印刷
定　　价	**30.00**元

前　言

我国水利水电高坝工程的泄水闸门具有水头高、流量大的特点。泄水建筑物的平面事故闸门担负着紧急情况下动水下闸、防止事故扩大的重任，闸门动水关闭的可靠性直接影响着工程的泄水安全。高水头及高流速下闸门的水动力特性十分复杂，闸门水动力荷载受闸门体型、作用水头及流速、启闭速度及通气等诸多因素的影响，闸门体型设计不良、荷载计算产生偏差时容易导致闸门不能正常关闭等安全问题。系统研究高水头平面闸门复杂的水动力特性，提出有利于闸门动水关闭可靠性的措施及方法，对于高水头闸门的设计和安全运行具有重要意义。

平面事故闸门动水下门属于非恒定的水气两相湍流运动，闸门区水流为复杂的绕流及射流现象，闸门水动力特性不仅与闸门体型及水力条件相关，还受闸门的重力、水体的附加质量以及惯性力等综合作用影响，问题十分复杂，目前尚无一套成熟的理论及计算方法可供参考，也缺乏系统和深入地研究。本书针对高水头平面闸门动水关闭的水动力特性问题，结合典型平面事故闸门的模型试验分析了闸门动水关闭水流及水动力荷载的变化特征；在物理模型试验及原型观测结果验证数值模拟方法的基础上，系统深入地研究了闸门底缘体型、水头及启闭速度等参数和闸门水动力特性的影响关系，揭示了闸门上托力及上托力系数随上游底缘倾角和厚度参数组合变化的关系，给出了下吸力系数和淹没水头系数的定量关系计算公式，并提出了闸门体型设计的相关建议。研究成果不仅可为高水头闸门的设计、应用及安全评估提供科技支撑，对于提高现代闸门水动力学研究水平也具有重要意义。

本书共分为6章。第1章绪论，总结了国内外平面闸门动水关闭的水动力实验、原型观测及数值模拟的相关研究成果和进展，分析了高水头平面闸门动水闭门水动力特性研究拟解决的关键技术问题，介绍了本书涉及的主要研究工作。第2章高水头平面闸门动水闭门的水动力实验研究，介绍了闸门水动力作用原理、闸门静态及动态实验方法，结合两个典型闸门阐述了模型相似准则和模型设计原则，介绍了闸门动态实验的启闭控制系统与测量仪器设备，详细研究了闸门动水关闭的水流流态及门体压力荷载变化特性，基于实验分析了影响闸门水动力荷载特性的关键体型及水力因素。第3章平面闸门动水关闭的水动力数值模拟方法，针对影响闸门动水关闭的水动力数值模拟的难点，介绍了本书采用的能较好描述闸门区复杂流动特性的数学模型、合理的动网格适应技术及计算格式，针对典型事故闸门的动水关闭水流进行了数值模拟分析，通过模型试验及原型观测结果论证了数值模拟结果的可靠性与精度，提出了适合平面闸门动水关闭的水动力数值模拟方法。第4章闸门上托力特性的数值模拟研究，采用数值模拟方法系统深入地研究了闸门上托力随底缘体型及水力参数的变化规律，阐释了闸门上托力和上托力系数受底缘倾角及厚度参数的双重影响，给出了闸门最小上托力系数随底缘倾角和厚度参数组合变化的关系。第5章闸门下吸力特性的数值模拟研究，采用数值模拟方法系统研究了下游底缘倾角及上、下游水头参数对闸门下吸力的影响，提出了典型下游底缘体型闸门下吸力强度随闸门水头的变化关系曲线，并揭示了闸门下吸力及下吸力系数随淹没水头的变化规律。第6章为全书的总结与展望，归纳总结了本书研究的成果和创新点，并对需进一步深入研究的问题进行了展望。

本书大量素材来源于作者在中国水利水电科学研究院完成的博士论文，相关研究工作得到了导师吴一红教授、张东教授和曹以南教授的精心指导。本书还得到了潘水波教授、陈文学教授以及张文远、张宏伟、张蕊等高级工程师的帮助和支持，在此一并表示衷心的感谢。

本书的出版得到了国家“十三五”重点研发计划课题“梯级高坝大库水温结构变化的生态影响和分层取水技术”（2016YFC0502202）、“低环境影响度的泄洪消能技术研究”（2016YFC0401706）以及国家自然科学基金项目（51279216）的资助，在此一并致谢。

由于作者水平有限，本书难免存在不妥和疏漏之处，敬请读者批评指正。

作者

2016年9月

目　　录

前言

第1章　绪论………………………………………………………… 1
1.1　研究背景和意义 ………………………………………………… 1
1.2　研究进展……………………………………………………………… 3
1.3　本书的研究内容及主要工作 …………………………………… 6

第2章　高水头平面闸门动水闭门的水动力实验研究……………… 8
2.1　平面闸门的水动力作用原理 …………………………………… 8
2.2　平面闸门水动力实验方法……………………………………… 10
2.3　实验对象、相似准则和模型设计……………………………… 11
2.4　实验系统…………………………………………………………… 17
2.5　非稳态水流动水压力的实验数据处理方法…………………… 20
2.6　闸门动水闭门的水动力实验成果分析………………………… 22
2.7　小结………………………………………………………………… 36

第3章　平面闸门动水关闭的水动力数值模拟方法 ……………… 38
3.1　控制方程…………………………………………………………… 38
3.2　自由表面VOF模型 ……………………………………………… 39
3.3　计算域、网格、初始条件、边界条件及数值算法……………… 41
3.4　数值模拟结果及模型的验证…………………………………… 45
3.5　小结………………………………………………………………… 53

第4章　闸门上托力特性的数值模拟研究………………………… 54
4.1　平面闸门上游底缘的上托力及上托力系数…………………… 54
4.2　计算工况参数的选取…………………………………………… 55
4.3　上游底缘倾角对闸门上托力的影响…………………………… 55
4.4　上游底缘厚度对闸门上托力特性的影响……………………… 62
4.5　高水头下闸门上游底缘头部的压力分布特性………………… 68
4.6　闸门启闭速度对闸门上托力的影响…………………………… 70
4.7　小结………………………………………………………………… 71

第 5 章　闸门下吸力特性的数值模拟研究 …… 72
5.1　闸门（下游倾角底缘）的下吸力及下吸力强度…… 72
5.2　计算工况参数的选取…… 73
5.3　下游底缘倾角及高水头对闸门下吸力的影响…… 73
5.4　尾水淹没条件对闸门底缘下吸力的影响…… 78
5.5　小结…… 81
第 6 章　总结与展望 …… 83
6.1　主要结论…… 83
6.2　创新点…… 84
6.3　工作不足及展望…… 85
参考文献 …… 86

第1章 绪　论

泄水闸门是水利水电工程泄水建筑物的控制“咽喉”，泄水建筑物中通常设有工作闸门、事故闸门和检修闸门。事故闸门是指泄水建筑物或相关设备发生事故时使用的闸门，一般要求在动水条件下关闭而截断水流。事故闸门担负着紧急情况下动水下闸、防止事故扩大的重任，直接关系着泄水建筑物运行的技术可行性和安全可靠性。

1.1 研究背景和意义

进入21世纪以来，我国实施“西电东送”等战略工程，在西南地区高库大坝不断涌现，在建和拟建包括溪洛渡、锦屏、小湾、白鹤滩、糯扎渡、乌东德等一大批巨型水利水电工程，这些工程坝高已达300m量级，泄水建筑物及闸门具有水头高、流量大的特点，其事故闸门的设计水头已大大超过100m（表1.1），如小湾电站底孔中事故链轮平面闸门的设计承压水头高达160m，闸门动水关闭的操作水头达106m，闸门孔口尺寸为5m×12m（宽×高），总水压力超过100MN，其设计和应用水平已达到世界前列。在国外，高水头闸门的应用也比较广泛，典型的如法国谢尔邦松的深孔平板门，其设计水头达126m，总水压力达84.3MN；在加拿大Mica大坝中，电站进水口平板事故闸门的孔口尺寸为5.258m×6.706m（宽×高），最高水头为71.5m。从国内外平面事故闸门的发展趋势来看，随着高库大坝的建设，闸门的应用水头越来越高，在高水头及高流速的运行条件下，闸门动水关闭的水动力学问题非常突出，闸门的体型及水动力性能是否良好，高水头条件下闸门能否正常动水关闭，都是高水头闸门设计及应用所关注的焦点问题。

表1.1　国内外投入运行和正在建造的部分高水头平面事故闸门

工程名称	闸门应用类型	孔口尺寸（宽×高）/(m×m)	设计水头/m	总水压力/MN	支承形式
龙羊峡	底孔事故门	5×9.5	120	65.4	链轮
东江	底孔事故门	6.8×9	115	81	链轮

续表

工程名称	闸门应用类型	孔口尺寸（宽×高）/(m×m)	设计水头/m	总水压力/MN	支承形式
漫湾	冲沙底孔事故门	5×6	98	31.8	链轮
天生桥一级	放空洞事故门	6.8×9	120	73.5	链轮
二滩	中孔事故门	5.2×11.8	90	57.1	链轮
三峡	深孔事故门	9×11	85	65	定轮
锦屏一级	放空底孔事故门	5×12.42	133	83	定轮
小湾	底孔事故门	5×12	160	100	链轮
溪洛渡	深孔事故门	5.2×14.14	110	81	定轮
Mica（加拿大）	进水口平板事故闸门	5.26×6.7	71.5	25	定轮
谢尔邦松（法国）	电站深孔平板门	7×9.7	126	84.3	履带式
伊泰普（巴西）	深孔平板闸门	10×14	140	199.8	定轮

平面（板）闸门的优点是在顺水流方向所占有的空间尺寸较小，闸门启闭装备的构造也相对简单，闸门门叶可移出孔口而有利于检修和维护，泄水孔的孔数较多时还能做到一门多用，因此在水利水电工程泄水建筑物（泄水孔、泄洪洞及引水发电流道等）中得到广泛应用。平面闸门底缘一般可分为上游倾角底缘、下游倾角底缘和上、下游组合倾角底缘3种型式，见图1.1。对于在动水中操作的平面事故闸门，一般要求闸门上游底缘受到正压力作用，避免底缘水流发生强分离时引起闸底产生过大负压和强压力波动，因此，我国《水利水电工程钢闸门设计规范》（SL 74—2013）规定："对于部分利用水柱的平面闸门，其上游底缘倾角应不小于45°；平面闸门下游底缘倾角应不小于30°，当不能满足要求时应采取适当补气措施"。

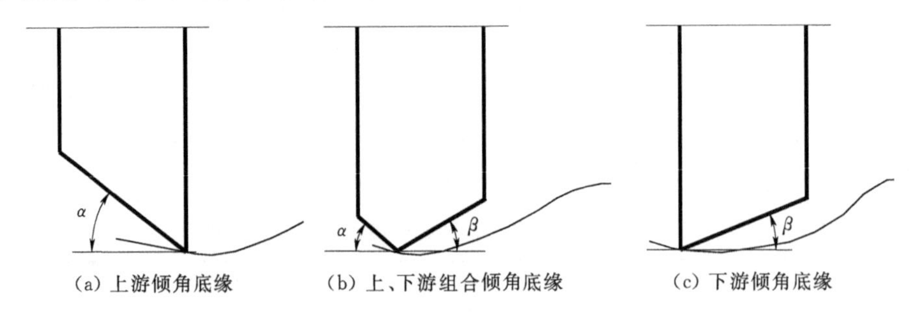

图1.1　平面闸门的底缘型式

当前平面事故闸门的应用水头越来越高，高速水流下闸门水动力特性对体型边界非常敏感，闸门布置或体型设计稍有不当，极易造成事故情况下不能紧急关闭，不仅威胁工程的泄水安全，甚至会给下游带来严重的生命财产损失。我国天桥水电站泄洪洞平板闸门在1977年投入运行后，多次出现高水位下闸门落不到底、启门力超载及拉杆钢丝绳断裂等问题。水口水电站溢洪道的事故闸门在1997年动水关闭原型试验中，也发生了门机超负荷破坏的严重事故。上述两个工程的事故闸门运行水头仅30m左右，尚由于闸门水动力特性不良而发生事故，对于当前高达和超过100m水头的平面闸门，闸门动水关闭水流呈高速水气两相过渡流，闸门底缘处容易发生脱流和水流分离，在强剪切流作用下门体压力产生大梯度变化，闸门的水动力荷载呈复杂的时空变化特征，高速水流影响下闸门的水动力荷载系数可能还会发生变化，因此参考低水头闸门研究成果或经验就会产生较大的偏差。另外，高水头下平面事故闸门底缘水流容易发生严重脱流和水流分离，闸底产生过大负压和压力波动，不仅影响闸门启闭力，严重时可能还会导致门叶发生振动，甚至导致闸门发生空蚀破坏。

综上所述，对于高水头平面事故闸门，研究闸门动水关闭的复杂水流及水力荷载演变规律，研究高水头下闸门的水动力特性，揭示闸门体型及水力参数对闸门水动力性能的影响，提出有利于闸门动水关闭可靠性的措施及方法，是当前高水头闸门亟待解决的一个重要科学难题，其研究成果不仅对高水头闸门的研究、设计和运行能发挥重要的科技支撑作用，对于提高现代闸门水动力学研究水平也具有重要意义。

1.2 研究进展

平面闸门动水关闭中的水动力特性问题非常复杂，是闸门设计及研究中的一个重点和难点。在针对闸门水动力特性的研究中，主要有物理模型试验、数值计算及原型观测3种方法。

1.2.1 平面闸门动水关闭的水动力学实验

在闸门动水下门快速截断水流的过程中，闸门本身是一个与水流作用的运动边界，同时闸下水流又是一个复杂的绕流及射流现象，其所构成的非稳态水流形态复杂，需要考虑闸门的重力、水体的附加质量以及运动加速度的惯性力等综合作用影响，目前尚无一套成熟的理论及计算方法可供参考，因此目前借助闸门水动力模型试验进行研究的居多。

国内外学者围绕闸门动水关闭水流、水动力荷载及启闭力等问题进行了大量模型试验研究及理论分析工作。Naudascher在1964年对3种上游倾角底缘闸门的上托力进行了试验研究，提出了闸门上托力和底缘倾角及水力参数的无

量纲理论公式 。Smith 和 Murray 通过试验也研究分析了电站闸门底缘及门井体型对上托力荷载的影响。Sagar 从减轻闸门的振动、空化以及降低闸门启闭力角度探讨了底缘上游倾角的选取方法。谢省宗等通过实验研究了电站进水口快速闸门动水下门的明满流过渡的临界开度，导出了闸门水力学与水轮机水力学的关联方程。哈唤文、刘维平等进一步研究了电站进水口闸门快速下降的持住力等水力学问题。陈怀先等通过试验研究了不同上游底缘型式和下游底缘型式闸门的压力变化以及上托力系数，提出了将底缘压力从正压变为负压所对应的闸门开度定义为零压力开度的概念。金泰来、潘水波等通过模型试验研究了三峡深孔事故闸门门体压力分布、水力荷载及启闭力特性。从 20 世纪平面闸门水力学研究成果来看，一般还基于势流理论对闸水流及水力荷载进行分析，试验研究对象主要针对水头低于 60m 的闸门，还未能考虑高水头及高速水流对平面闸门水动力特性的影响。

随着高水头平面闸门的逐渐应用，Ahmed 于 1999 年通过 14 种闸门上游底缘型式 ，进一步研究了底缘压力系数随底缘体型的变化规律，并分析了门顶压力系数与门楣间隙的影响。肖兴斌、王才欢等结合三峡工程，通过试验研究了闸门铅垂方向的动水压力载荷并提出了避免闸门底缘负压的布置型式。周通结合积石峡泄洪洞事故闸门通过调整闸门体型对闸门启闭力进行了优化研究。吴一红、章晋雄、张文远等针对小湾底孔、溪洛渡泄洪洞及锦屏一级电站进水口等工程的事故闸门，通过模型试验较为系统地研究了闸门的压力荷载分布及闭门力、闸门区水流脉动及流激振动等水动力学问题。王韦等结合小浪底孔板洞事故闸门动水下门实验，研究了长有压泄洪洞进水口事故闸门及流道的明满流流态及压力特性。物理模型试验通过对闸门水流及水力荷载的测试分析，解决了我国许多高水头闸门的水力设计和工程问题，但模型试验的研究对象一般为特定工程的事故闸门，因成果的系统性不强而不便于广泛地推广应用。

1.2.2 平面闸门动水关闭的原型观测

由于物理模型在缩尺效应等方面的局限性，相关研究及设计工作者对通过原型试验研究闸门的动水关闭问题也十分关注，其中我国在 20 世纪 80 年代曾对天桥水电站泄洪洞工作闸门进行原型观测，通过测试闸门启闭力和门后压力随闸门启闭的变化过程，对该闸门曾多次出现的启门力严重超载、拉杆和钢丝绳断裂、闸门落不到位等问题进行了研究。加拿大的 B. C. Hydro 于 2008 年针对 Mica 电站进水口事故闸门开展了原型试验，对闸门动水关闭的启闭力进行了测试研究。张黎明、夏毓常曾对拓溪电站事故闸门、葛洲坝船闸输水道反弧门的原型观测成果和模型进行对比，分析了模型和原型之间的缩尺影响并提出了修正方法。总体来说，由于工程现场条件的限制，在闸门水力学原型观测方面的研究工作还较少，对于闸门水流结构及水力荷载分布也很难进行深入研究。

1.2.3 平面闸门的水动力数值模拟

由于闸门动水关闭水流属于典型的非定常两相流流动，直接求解描述闸门水流的N-S方程十分困难，两相流的数学模型也非常复杂，因此以往只是在大量简化和假定条件下进行了一些计算研究工作。何小新等曾根据势流理论，采用边界元法计算了闸门上的水平作用力和上托力。Sagar、夏毓常均在假定底缘水流不分离的条件下，推导了闸门底缘上托力系数的计算公式。以上理论分析或计算模式均建立在简单水流方程或假定的条件下，模型简化及假定条件多，对于高水头平面闸门的高速水流及复杂的水动力荷载问题，这些方法还不能满足工程设计的需要。

近些年来，随着湍流及多相流数值模拟技术和计算机水平的迅速发展，使得数值求解水力学运动方程成为可能。数值模拟不仅可以解决简单的流动问题，而且可对复杂的实际流动进行模拟与预测。张瑞凯等针对三峡船闸反弧事故闸门，采用流动标点法跟踪自由水面位置建立了二维数值模型，研究了阀门区水流时空特性及阀门承受的水动力荷载。沙海飞等结合非结构化动网格，对简单的平底闸门动水开启的二维非恒定流过程进行了CFD模拟分析。Andrade和Amorim、Zlatko采用二维$k-\varepsilon$紊流模型模拟了电站工程平板闸门区水流流场，分析了门体上的水力荷载。李利荣等曾针对水力自动滚筒闸门，采用RNG $k-\varepsilon$模型和水-气两相VOF模型，模拟分析了闸门表面的动水压力、流速分布等水动力特性。上述在闸门紊流数值模拟方面的工作，为闸门动水关闭水流的数值模拟提供了一些基础和经验，也表明数值模拟已成为闸门水动力学研究的一个重要手段。

综上所述，物理模型还存在成果系统性较差及缩尺效应等局限性，原型观测也有现场条件限制、费用较高和难以深入研究的问题，而闸门动水关闭水流的数值模拟能弥补物理测试手段的不足，可以详细分析闸区的流场，得到全面的水力荷载分布和变化特征，且数值模拟的研究周期短，费用较低，体型和参数修改方便，也没有缩尺效应问题，因此采用数值模拟方法进行闸门动水关闭水力学的研究是一个重要的发展方向。从闸门水流数值模拟研究概况来看，目前采用二维单相流模型的居多，还难以考虑门槽影响下闸门区的三维水气两相流特性。另外，由于高水头闸门动水关闭的非恒定多相流十分复杂，数值模拟结果是否有足够的精度，是否能满足工程设计的要求，也还需要做大量的研究工作。

1.3 本书的研究内容及主要工作

1.3.1 关键技术问题

从前述闸门水动力特性研究进展来看，高水头平面闸门动水闭门的水动力实验及数值模拟研究的关键技术问题有以下几个方面。

（1）平面闸门的动水闭门性能不仅与闸门体型相关，也受水力运行参数的影响。平面闸门底缘体型布置多样，不同的上、下游底缘布置方式及倾角等体型参数对闸门水动力特性影响很大；闸门的水头、流量及关闭速度等水力参数复杂、变化范围较大，也显著影响闸门门体的水动力荷载特性。为研究闸门水动力特性的基本规律，需要把握影响闸门水动力特性的关键体型及水力因素，合理选取典型的闸门布置型式进行水动力实验及数值模拟研究。

（2）适合平面闸门非恒定高速水气两相湍流的数值模拟方法以及数值模拟精度需要达到满足工程要求的问题。高水头闸门动水闭门的水流为复杂的非恒定高速水气两相湍流，闸门区水流流场存在强弯曲、大压力梯度变化的特点，闸门闭门过程中发生满流向明流过渡演变，因此湍流模型不仅要较好地模拟闸门区绕流的弯曲和大压力梯度特性，还要很好地处理闸后水气两相流的自由界面问题，需要选取合适的湍流模型及两相流模型。另外，闸门区水流流场及闸门水动力荷载随闸门门体的运动而变化，由于闸门门体的几何结构较为复杂，网格特征尺寸小，其动水闭门水流存在复杂的内部动边界处理问题，常规的动边界网格处理方法容易产生网格畸变或更新困难的问题，也需要采用合适的网格适应技术，使闸门区动边界网格高效更新，同时又能保证网格质量和计算精度。

（3）高水头下平面闸门的上托力系数、下吸力强度等荷载系数计算公式或系列图表的研究提炼。高流速、强射流作用下闸门底缘上托力或下吸力变化规律及范围相比低水头时可能存在较大差异，闸门体型及参数组合多样，如何研究提炼出具有工程意义的上托力系数、下吸力强度等荷载系数的计算公式或图表，是一个需要解决的重点技术问题和难点。

（4）高水头、高流速对闸门水动力特性的影响问题。高水头作用下闸孔为高速绕流及射流，闸门门体特别是底缘容易发生水流分离，闸门门体的压力分布变化特性复杂，如何研究其对闸门水动力荷载的影响，进一步识别其可能造成的闸门空化及振动危害，也是闸门设计和研究关注的一个重要技术问题。

1.3.2 主要研究工作

本书针对高水头平面事故闸门的水动力学问题，结合典型平面事故闸门水动力实验研究了闸门动水关闭水流及水动力荷载的变化特征；在物理模型试验及原型观测结果验证数值模拟方法的基础上，系统深入地研究了不同闸门体型及水力参数对平面闸门水动力荷载特性的影响。

（1）针对工程中两种典型上、下游倾角底缘型式的平面事故闸门，采用物理模型试验的方法进行了闸门动水关闭的水动力实验，研究了闸后明满流转换演变规律及过渡形态，分析了闸门门体压力分布、闸门门顶水柱压力、上托力及下吸力荷载随闸门开度的变化规律，探讨了闸门水头、流量及底缘体型对闸后流态及门体水动力特性的影响。

（2）根据闸门动水关闭过程中的水流特性，建立了平面闸门动水闭门的水动力数值模型。数值模型采用 RNG $k-\varepsilon$ 湍流模型和 VOF 两相流模型，结合域动网格和动态分层的网格适应技术，提出了适合高水头闸门动水关闭非恒定两相流的数值模拟方法，模拟计算了典型平面事故闸门动水关闭过程及门体的水动力荷载，数值模拟结果与模型试验及原型观测结果的吻合程度良好，数值模拟的精度能够满足工程设计的需要，论证了数值模拟方法的可行性。

（3）针对上游底缘型式的平面事故闸门，模拟分析了闸门动水关闭的水动力特性，研究揭示了闸门上托力随上游底缘体型及水力运行参数的变化规律。研究了底缘倾角及厚度对闸门上托力特性的综合影响，提出了闸门最小上托力系数随底缘倾角和厚度参数组合变化的关系，针对高水头运行条件提出了闸门体型参数的取值建议。

（4）针对下游底缘型式的平面事故闸门，模拟分析了不同底缘体型及水头条件下闸门的水动力特性，研究了下游底缘倾角及上、下游水头参数对闸门下吸力强度的影响规律，并提出了典型下游底缘体型闸门下吸力强度随闸门水头的变化关系。模拟研究了不同尾水淹没条件下闸门下吸力的演变特性，研究了上、下游水头差对闸门下吸力性质及动水关闭性能的影响。

第2章　高水头平面闸门动水闭门的水动力实验研究

本章基于闸门水动力作用原理分析，介绍了闸门水动力实验方法。结合两个典型上游和下游倾角底缘体型的事故闸门，通过物理模型试验研究了闸门动水关闭的水流流态及门体压力荷载变化特性，分析了影响闸门水动力特性的关键体型及水力因素。

2.1　平面闸门的水动力作用原理

研究闸门水动力荷载的主要目的是为了闸门启闭力的设计计算。从影响平面闸门启闭力的因素来看，主要有闸门自重、动水作用力、摩擦力及因启闭加速度引起的惯性力等。在闸门设计中，一般将启闭力进行力系分解为门体重力、门顶水柱压力、底缘上托力及下吸力、水平推力及摩擦力，在分析各项分力的特性和内在联系的基础上，根据力系平衡原理计算分析闸门的启闭力。

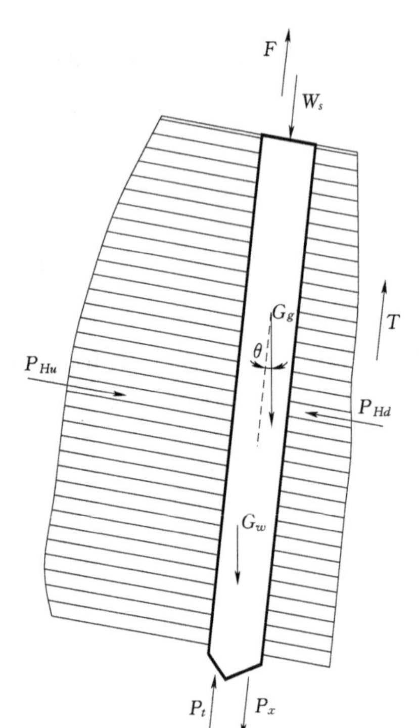

图2.1　闸门上的作用力系示意图

由于平面事故闸门一般匀速关闭，惯性力可以忽略，因此在闸门的动水关闭过程，闸门的闭门持住力与门顶水柱压力、底缘上托力（或下吸力）、摩擦力及门体重力等构成一个平衡力系，其作用原理及力系构成见图2.1，闸门动水关闭时的闭门持住力可表示为

$$F=(G_g+G_w)\cos\theta-\Delta P_v-T \quad (2.1)$$

图2.1和式（2.1）中各参数的代表意义如下。

（1）闸门门顶水柱压力 W_s。当闸门采用下游面板止水型式时，闸门关闭过程中就在门顶形成水柱压力，从而增大闸门的闭门力；对于上游止水型式的闸门，当闸门处于大开度且门后为满流流态时，门井水位的存在同样在门顶产生一定的水柱压力。

（2）闸门底缘上托力 P_t 或下吸力 P_x。闸门底缘上托力或下吸力与底缘型式及门后水流转换过程相关。

1）对于仅有上游底缘倾角的闸门［图 1.1（a)］，闸门启闭过程中底缘一般呈上托力荷载。

2）对于仅有下游底缘倾角的闸门［图 1.1（c)］，闸门启闭过程中水流作用在底缘的水力荷载形式与门后流态转换相关，当门后为满流时呈上托力；当门后为明满流或明流时，由于底缘处水流分离、射流扰动及吸气影响，在闸门底缘上会转换形成下吸力作用，且下吸力大小与底缘脱流形态和补气是否充足相关。

3）当底缘设计为前后均为锐角组合型式时［图 1.1（b)］，底缘上的上托力和下吸力需分开计算。

（3）闸门上、下游面板上的压力 P_{Hu}、P_{Hd} 及水平推力 ΔP_H。闸门上、下游面板上的压力 P_{Hu} 与 P_{Hd} 的差值为作用在闸门上的水平推力 ΔP_H，是计算闸门运行摩擦力的水力荷载，表达式为

$$\Delta P_H = P_{Hu} - P_{Hd} \tag{2.2}$$

（4）摩擦力 T。闸门摩擦力主要指支撑行走系统（滚轮、链轮等）和止水水封摩擦两部分，在闸门水平推力荷载作用下，摩擦力的表达式为

$$T = [\Delta P_H + (G_g + G_w)\sin\theta] f \tag{2.3}$$

式中：f 为综合摩擦系数；θ 为闸门门井与铅垂线夹角，闸门门槽铅直型式时 $\theta = 0°$。

（5）闸门重力 G_g。闸门结构自身的重力，有时会加以配重 G_j，采用拉杆形式时还应计入拉杆重力。

（6）闸门门体内积水重力 G_w。对于闸门空腹面板设计为开孔形式，在计算闸门闭门力时应考虑门体内积水重力。

（7）闸门竖向水压力 ΔP_v。为表征作用在闸门门体的竖向水力荷载，令闸门底缘上托力（下吸力）与门顶水柱压力的差值为沿门体的竖向水压力 ΔP_v，即

$$\Delta P_v = P_t - P_x - W_s \tag{2.4}$$

（8）闸门闭门持住力 F。根据作用在闸门上的力系平衡式（2.1），闸门动水关闭过程中的闭门持住力可表示为

$$F = (G_g + G_w)\cos\theta - \Delta P_v - [\Delta P_H + (G_g + G_w)\sin\theta] f \tag{2.5}$$

从闸门闭门持住力的构成来看，闸门重力一般情况下为已知，摩擦力主要是由闸门的材料特性和面板上的水平推力所决定的，因此作用在闸门上的各项

水动力荷载是确定闸门启闭力的关键因素。

2.2 平面闸门水动力实验方法

平面闸门水动力实验有静态试验和动态试验两种方法，静态试验对于控制流量的泄水工作闸门研究是一个行之有效而又简单的试验方法，而对于泄洪建筑物或电站进水口的事故闸门，只有动态试验才能真正模拟闸门动水关闭的非恒定流过程，准确测试闸门区水流特性及作用在闸门上的水动力荷载。

2.2.1 闸门固定开度（静态）试验法

闸门的静态试验是指模拟闸门在固定开度下泄流的试验方法，只能测试获取闸门在不同开度下恒定泄流的水力参数，因此一般仅适用于研究诸如平面工作闸门控泄等恒定流问题。静态试验不需要模拟闸门启闭的试验设备，其试验设备和方法相对简单，费用较低，在早期的闸门水力学试验中有所应用。静态试验由于不能反映闸门连续开启或关闭过程中水流惯性的影响，因此对于研究平面事故闸门动水关闭问题不太适用。

2.2.2 闸门动水关闭（动态）试验法

闸门的动态试验是指模拟闸门在动水条件下的连续闭门过程，通过测试该非恒定流过程中闸门的水动力参数及启闭力，以探明闸门事故工况下动水下门、截断水流的真实工作情况。动态试验需要配备控制闸门运动的启闭仪器，另外，闸门门体压力等水力参数属于随时间（闸门开度）变化的非平稳随机过程，因此相对静态试验而言，动态试验无论在测试手段和试验数据处理上都要复杂得多。动态试验能够较真实地反映闸门连续动水关闭过程中水流惯性的作用，适用于诸如平面事故闸门动水关闭等问题的研究，是研究该类问题的主要试验方法，在我国众多水电工程的高水头闸门试验研究中得到了应用。

由于原型和模型闸门摩擦力一般很难相似，目前闸门水动力实验主要根据2.1节中所述的闸门水动力作用荷载的计算原理，采用试验测试闸门水力荷载后再计算闸门启闭力的方法，研究闸门的水动力荷载及启闭力特性。试验中通过测量闸门门体的动水压力分布，计算作用在闸门上的各项水力载荷，再结合闸门摩擦系数计算运行摩擦力，最后计算得到闸门动水关闭的持住力。闸门水力荷载及闭门持住力的计算公式参见式（2.1）～式（2.5）。

对于闸门门体的竖向水压力 ΔP_v，除了按闸门门体压力分布及式（2.4）计算以外，还可以利用闸门启闭过程中摩擦力反向的特点，采用试验分解、计算合成的方法进行试验测试分析。闸门开启和关闭时闸门启闭力可分别表示为

$$F_{启}=(G_g+G_w)\cos\theta-\Delta P_v+T \tag{2.6}$$

$$F_{闭}=(G_g+G_w)\cos\theta-\Delta P_v-T \tag{2.7}$$

两式相加即可消除摩擦力 T，得到竖向水压力的计算式：

$$\Delta P_v=(G_g+G_w)\cos\theta-\frac{F_{启}+F_{闭}}{2} \tag{2.8}$$

闸门的重力是已知的，因此根据模型试验测试闸门的启闭力曲线，再按式(2.8)消除摩擦力的影响，可以求得作用在闸门门体上的竖向水压力荷载。要说明的是，这种测试及计算方法适用于闸门开启和关闭过程中水流变化形态相近的情况，对于某些闸后流道较长的情形，闸门开启和关闭时闸后明满流过渡的临界闸门开度及水流转换形态可能存在较大的差异，门体水力荷载随闸门开度的变化特征也就不同，按式(2.8)计算竖向水压力会产生较大偏差。

2.3 实验对象、相似准则和模型设计

2.3.1 实验对象

对于水利水电工程，平面事故闸门主要布置在发电引水设施（电站进水口）、泄洪设施（泄洪洞、坝身泄水孔等）两类泄水建筑物中，其中泄洪设施往往泄洪流量大，洞身或流道长度较短，一般为短压力管道型式；发电引水系统则一般属于长有压管道系统，引水流量相对较小。两种流道系统对事故闸门动水关闭的水流的惯性作用、闸后流态特征的影响各异。鉴于此，作者结合自身研究实际，选取加拿大 Mica 电站进水口事故闸门和小湾高拱坝泄洪底孔（以下简称“小湾底孔”）事故闸门作为本书的实验对象进行介绍，两个事故闸门在布置型式、运行水头及工程类型等方面的特点主要体现在以下几个方面。

(1) 小湾底孔事故闸门的设计挡水水头高达 160m，动水操作水头达 106m，是目前国内运行水头最高的平面事故闸门之一；Mica 电站进水口事故闸门的最大运行水头也达 71.5m，初始过闸流速由电站引水流量控制，闸后流态与泄洪洞等事故闸门存在明显差异。

(2) Mica 电站进水口事故闸门为上游底缘型式，采用下游面板止水、利用门顶水柱下门的方式；小湾底孔事故闸门为下游底缘型式，采用上游面板止水的方式。两个闸门底缘型式及止水布置方式各具代表性。

(3) Mica 电站进水口闸门下游为长引水压力管道出口型式，小湾底孔流道为短压力管道型式。

为研究高水头闸门动水关闭的水动力特性，本书结合 Mica 电站进水口和小湾底孔两个典型事故闸门的水动力实验，研究了闸门动水关闭的水流流态及

水动力荷载变化特性，分析了影响闸门水动力特性的水头及体型因素，也为深入研究闸门水动力特性的数值模拟分析提供了验证数据。

2.3.2　相似准则

对于水工建筑物闸门水动力模型试验，应满足闸门区水流的几何相似、运动相似和动力相似，一般主要遵循重力相似准则，即模型和原型的弗劳德数 F_r 相等，其表达式为

$$(F_r)_r=\left(\frac{u}{\sqrt{gL}}\right)_r=1 \tag{2.9}$$

式中：u 为水流流速；g 为重力加速度；L 为特征长度。

按照重力相似准则，其主要物理量的相似比尺换算关系如下。

流速比尺：

$$\lambda_v=\lambda_L{}^{0.5} \tag{2.10}$$

压力比尺：

$$\lambda_P=\lambda_L \tag{2.11}$$

力比尺：

$$\lambda_F=\lambda_L{}^{3} \tag{2.12}$$

时间比尺：

$$\lambda_T=\lambda_L{}^{0.5} \tag{2.13}$$

流量比尺：

$$\lambda_Q=\lambda_L{}^{2.5} \tag{2.14}$$

另外，闸门水动力试验模型的雷诺数 Re 也要满足水力学试验相似的一般要求。

2.3.3　模型设计

在遵循重力相似准则的基础上，闸门水力模型应模拟闸室前后的有关建筑物，保证闸门过流水力条件的相似，并根据闸门尺寸、总水压力及对试验场地和设备的要求，确定合适的闸门模型比尺和截取范围，模型比尺的选择需保证闸门区紊流条件相似，且模型闸门的最小尺寸一般不宜小于 20cm。

2.3.3.1　Mica 电站进水口事故闸门水动力实验模型

根据闸门水动力学模型试验相似准则，考虑的模拟范围包括进水喇叭口、事故闸门及门槽、通气井及压力管道段，该试验选取的闸门及流道的模型比尺为 1∶18，且模型水流的雷诺数 $Re=\dfrac{VD}{\nu}=5.72\times10^5$，模型水流雷诺数 Re 满足水力学试验的紊流相似要求。当模型的几何比尺 $\lambda_l=18$ 时，相应的流量比

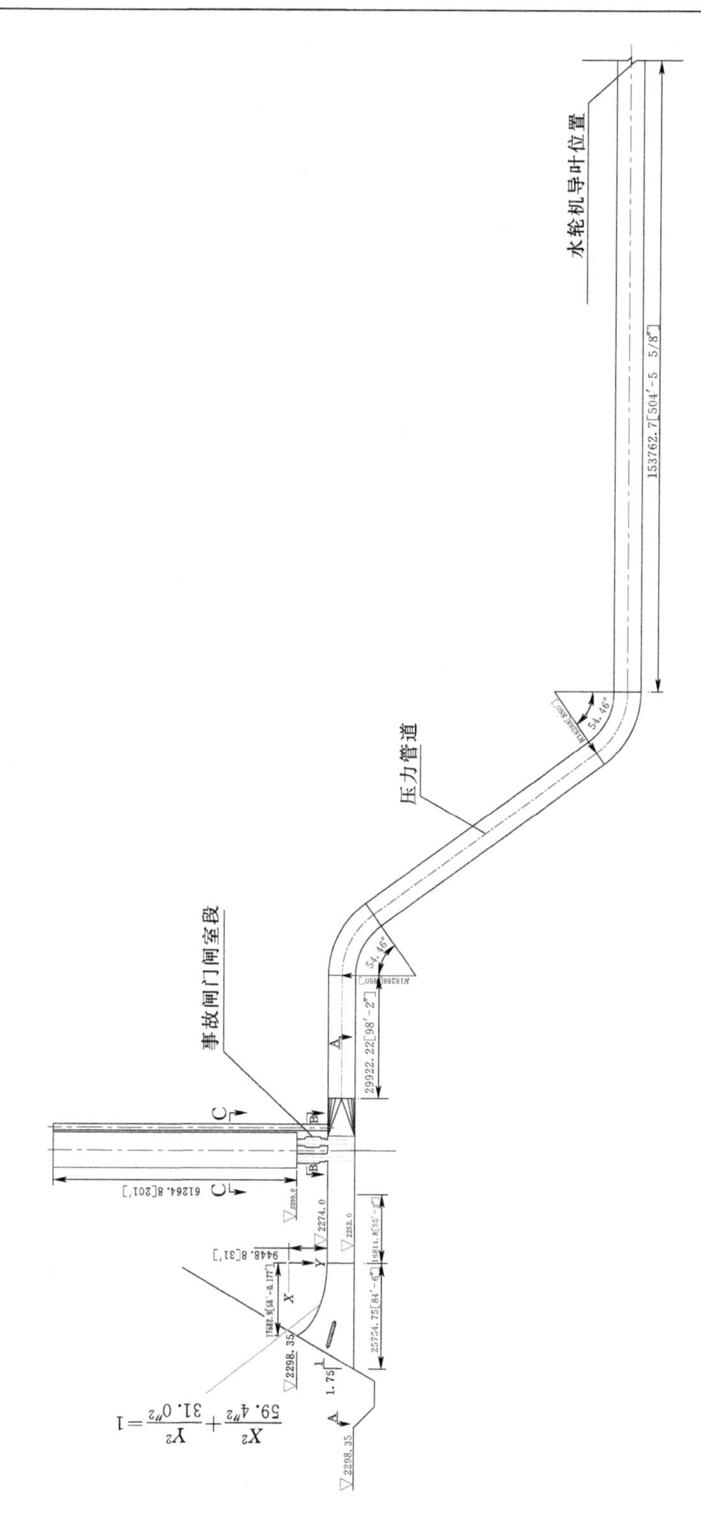

图 2.2 Mica电站进水口事故闸门及流道的整体模型布置图

尺 $\lambda_q=1374.6$，压力比尺 $\lambda_p=18$，时间比尺 $\lambda_t=4.24$。

事故闸门水力相似模型主要是模拟闸门过流边界轮廓，保证闸门运行过程中水流边界条件相似。模型引水压力管道段采用钢管模拟，按引水管道几何相似和总阻力相似设计，其长度按进水口至水轮机的压力钢管总长度相似进行模拟，压力管道纵向整体布置也与原型相似，并在模型出口设置阀门调节控制流量。电站进水口事故闸门及流道的整体模型布置见图 2.2，其中进水口及闸门模型采用有机玻璃制作，从而方便观察闸门区水流流态。

该试验模型为获取事故闸门门体的动水压力及载荷，在事故闸门门顶、面板及底缘共布置了 38 个测压点，考虑到闸门底缘压力沿底缘变化不均，在闸门底缘中心线沿纵向布置了 3 个测点（编号为 Uc9～Uc11）；在闸门门顶布置 4 个测点测量门顶水柱压力；沿闸门面板中心线布置 28 个测压点测量作用在门体上的水平推力（图 2.3）。为获取闸门动水关闭过程闸后通气和补气情况，在闸后通气井内上部布置 1 个风速测点，测量闸门动水启闭过程中的通气风速

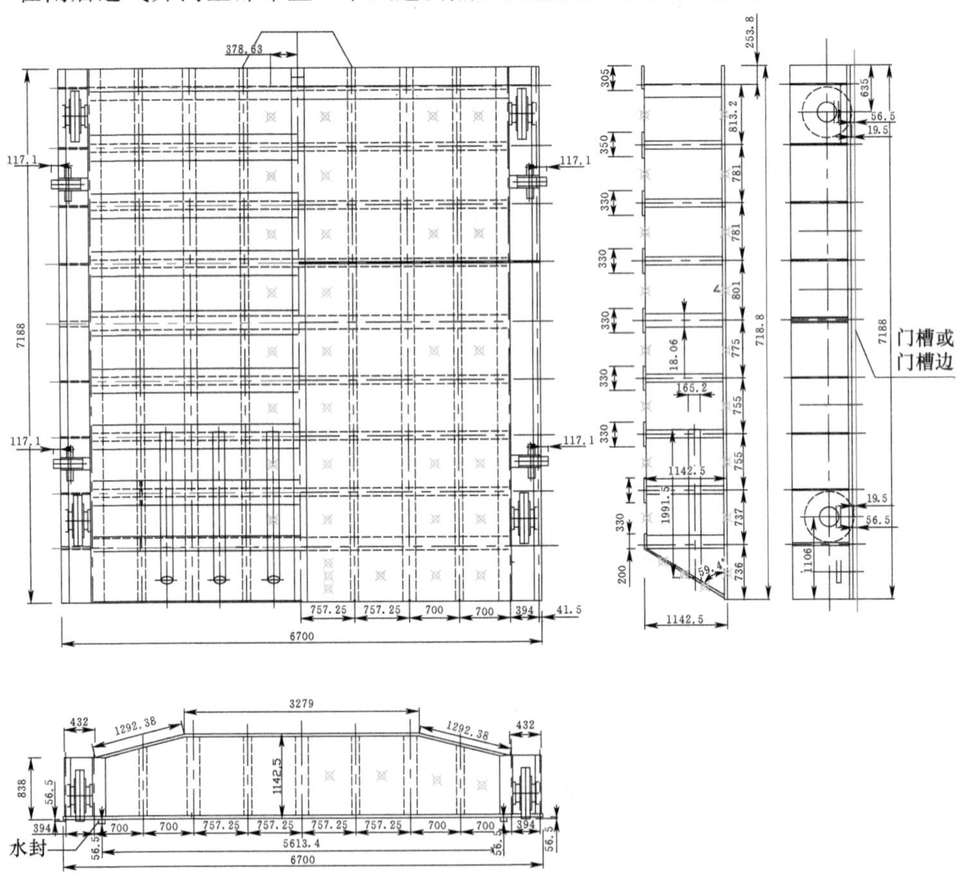

图 2.3　事故闸门测压点布置图

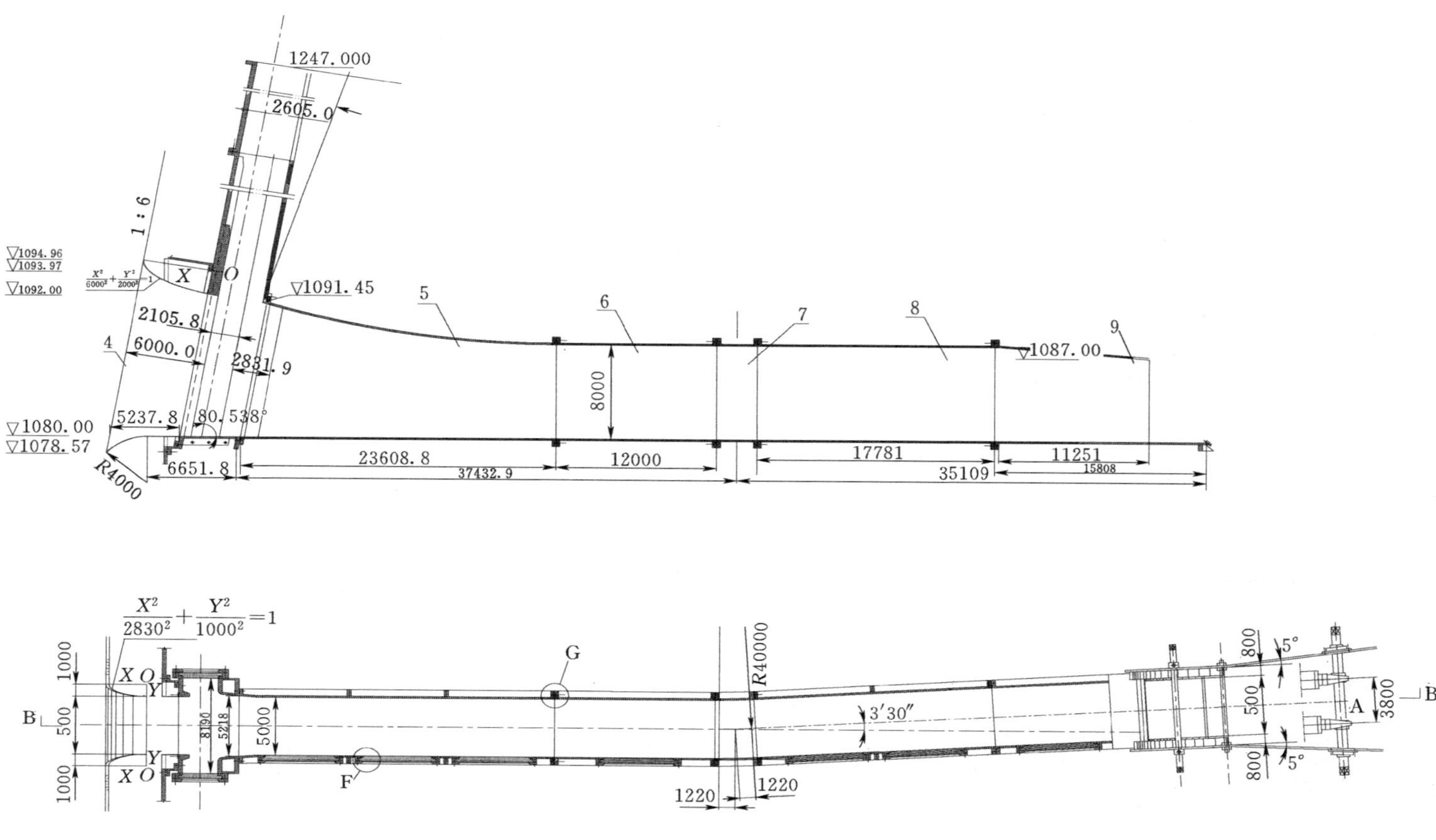

图 2.4 小湾电站坝身底孔及闸门模型总体布置图（1：6 斜门槽）

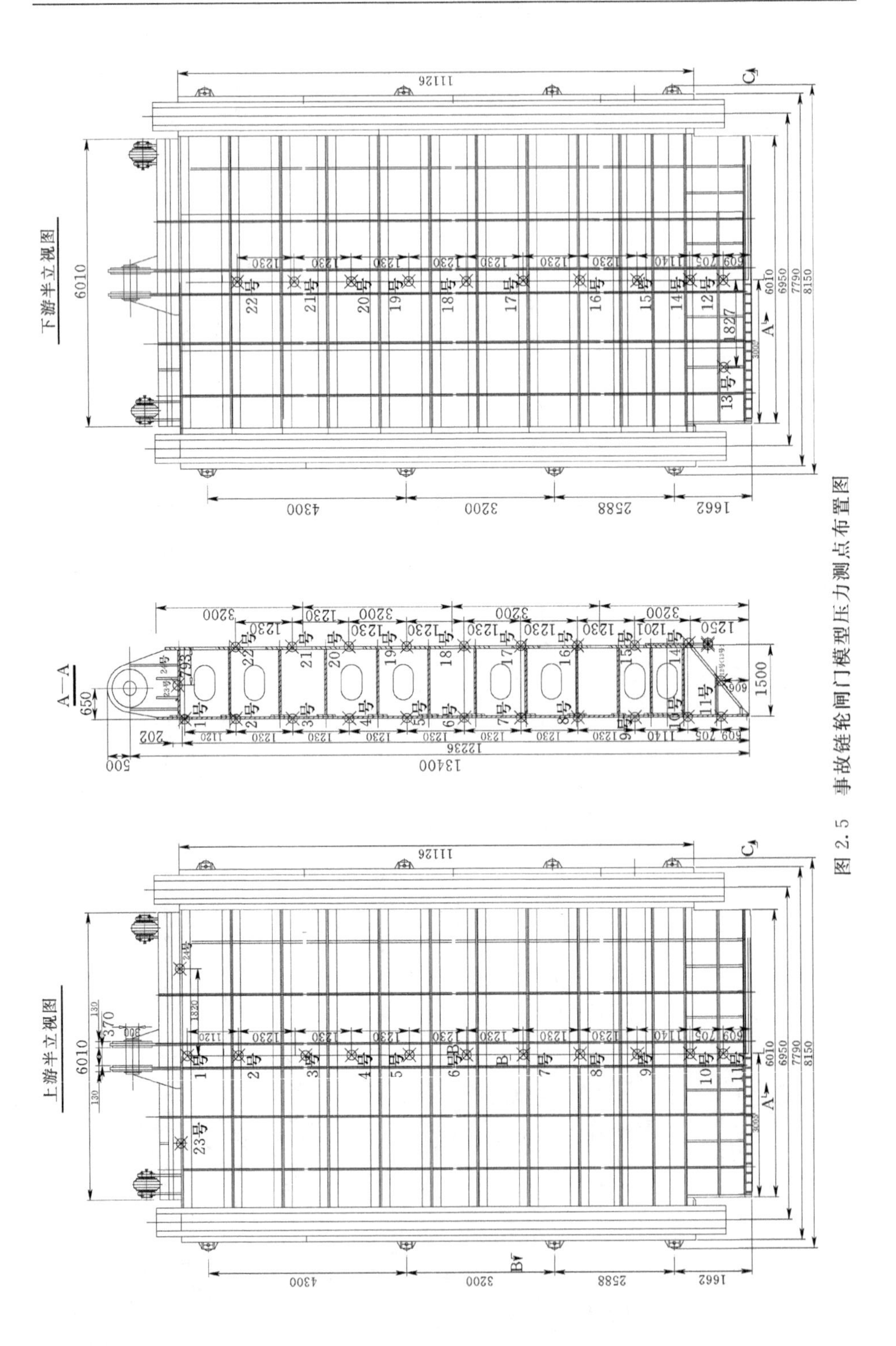

图 2.5　事故链轮闸门模型压力测点布置图

及通气量。

2.3.3.2 小湾底孔事故链轮闸门的水动力实验模型设计

小湾电站坝身底孔及事故闸门模型按重力相似准则设计，模拟范围包括进水口、门槽、门井、通气孔、压坡段和工作弧门出口。事故链轮闸门模型采用不锈钢制作，链轮的制作要求达到闸门水平拖动时链轮既有自转又有公转、链条转动过程中不脱轨。在遵循重力相似准则基础上，为保证闸门模型的制作精度和要求，模型比尺选取为 1∶15 的大比尺。在模型闸门最大水头高达 10m 的情况下，底孔模型主体采用不锈钢制成，并在闸门区右边墙采用加厚的有机玻璃制成观测窗，以观察闸门区水流流态。电站坝身底孔及闸门模型总体布置见图 2.4。

在事故闸门门体上共布置 24 个测压点，其中 1～11 号测点布置在闸门上游面板中心线上；14～22 号测点布置在闸门下游面板中心线上；12 号和 13 号测点布置在闸门底缘上；23 号和 24 号测点布置在闸门门顶上，模型压力测点布置见图 2.5。

2.4 实验系统

闸门水动力实验系统主要包括水箱、闸门启闭控制系统以及启闭力、动水压力、水位风速等测试系统，便于开展闸门启闭力、压力、水位及风速等水力指标测试。Mica 电站进水口事故闸门模型、水箱、闸门启闭仪等实验系统立面布置见图 2.6，其实景见图 2.7。

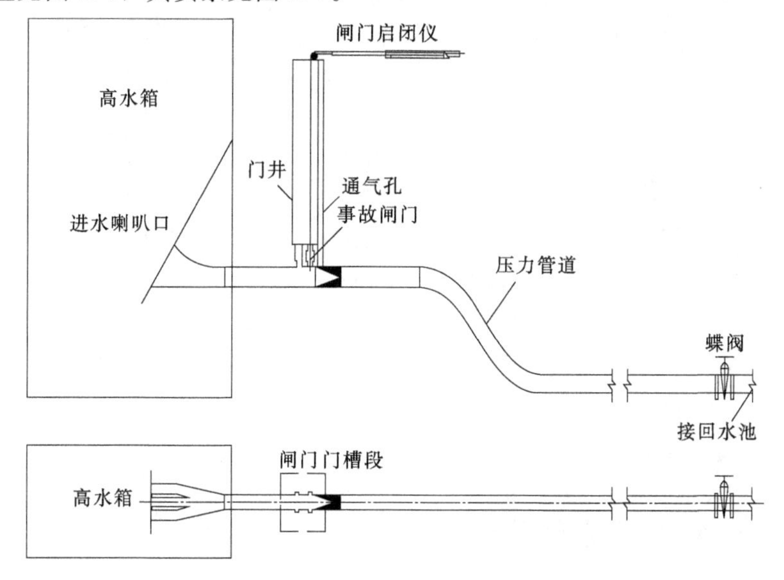

图 2.6 闸门水动力实验系统布置图

图 2.7　实验水箱及闸门流道模型

2.4.1　闸门启闭控制系统和启闭力测试系统

为模拟控制闸门的启闭过程，需要配备专门的闸门启闭仪。该试验采用北京航天星宇公司研制的闸门启闭仪（图 2.8），该启闭仪由启闭机、控制器和

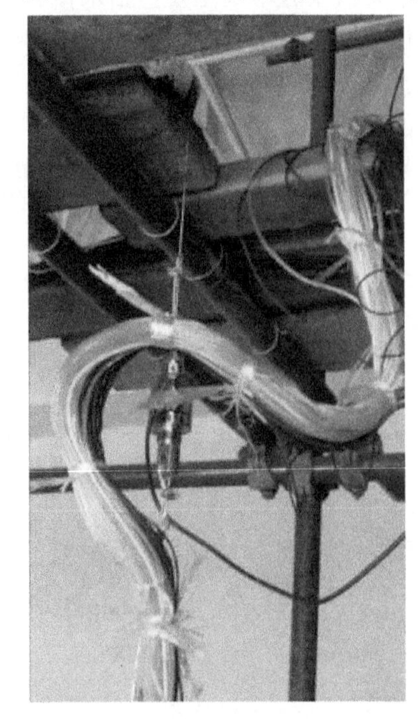

图 2.8　闸门启闭装置及启闭力测试系统

驱动电源3个部分组成，其控制系统能精确、连续地控制闸门的启闭速度，使模型能准确模拟闸门连续启闭的工况，系统的操作过程均为液晶屏实时控制显示，可以方便地调节闸门启闭位置和速度，启闭速度达3～30mm/s。

为测量闸门的动水启闭力，在闸门启闭系统中设置了力传感器进行测试。模型闸门启闭力的测量采用北京正开仪器有限公司研制的MCL-S型柱式拉力传感器，其量程为300kg，精度为0.25%FS。

2.4.2 闸门动水压力测试系统

闸门门体动水压力的测量采用中国水利水电科学研究院研发的DJ800型压力传感器，传感器量程为50kPa，精度为0.25%FS。压力模拟电信号通过二次仪表CDIF-16型放大器放大，输出信号由东方振动和噪声研究所研制的DASP大容量数据采集和分析系统（图2.9）进行监测和采集，该测试系统能精确测量水流的动水压力，其测试流程见图2.10。

图2.9 闸门门体DJ800型压力传感器及压力采集测试系统

2.4.3 通气风速测试系统

通气井补气风速采用法国Ashcroft公司研制的Xldp型高精度差压传感器和北京康宇测控有限公司研制的KYB型差压传感器进行测量，Xldp型差压传感器的量程为0～30m/s，KYB型差压传感器的量程为0～60m/s，精度均为0.025%FS。

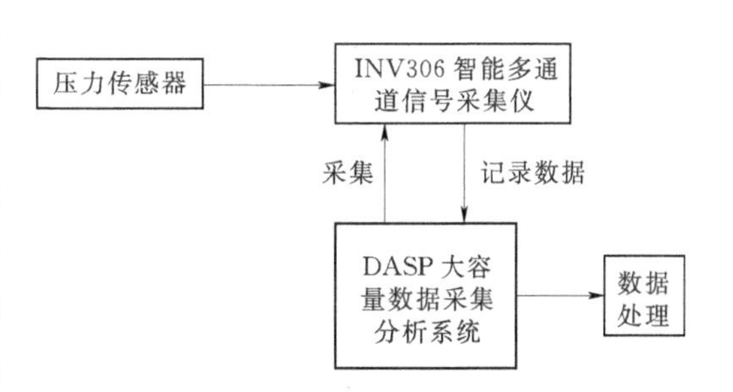

图2.10 闸门动水压力测试流程

2.4.4　流量测试系统

闸门流道系统的过流流量采用薄壁矩形量水堰进行量测。在模型出口下游布置足够长度的回水渠，并布置矩形量水堰板和水位测针，水位测针精度为 0.1mm，通过量测堰上水头来计算模型流量，计算公式为

$$Q=mB\sqrt{2g}H^{1.5} \tag{2.15}$$

式中：m 为流量系数；B 为矩形堰宽，m；H 为堰顶水头，m。

流量系数 m 按雷伯克（Rehbock）公式计算：

$$m=\frac{2}{3}\left(0.605+\frac{0.001}{H}+0.08\frac{H}{P}\right) \tag{2.16}$$

式中：H 为堰顶水头，m；P 为矩形堰高度，m。

2.5　非稳态水流动水压力的实验数据处理方法

2.5.1　非平稳随机过程分析方法

闸门在动水关闭过程中，门体各测点的时均压力随闸门开度位置的不同而变化，脉动压力也随闸门开度的不同而各异，在此过程中动水压力的统计特性都随时间变化，因此实验所测得的门体动水压力曲线是一个非平稳的随机过程。

为了得到事故闸门关闭过程中门体测点时均压力和脉动压力的统计特性，首先需要将事故闸门关闭过程中各测点的时均压力变化过程从压力时间过程中滤除，然后进行脉动压力非平稳随机过程的数据处理，本书采用三次 B 样条函数拟合时变压力均值和脉动压力均方根值。

假设以时间间隔 Δt 离散化的、n 个数组组成的非平稳时间序列 $\{z(t)\}$ 的时变均值，可以用一个确定性函数 $c(t)$ 来表示，而

$$\{z(t)\}=c(t)+\{y(t)\}\quad t\subset[a,b] \tag{2.17}$$

其中 $\{y(t)\}$ 是一个均值为零的随机过程。对式（2.17）取均值：

$$\{z(t)\}=c(t)+E\{y(t)\}=c(t) \tag{2.18}$$

即

$$E\{z(t)-c(t)\}=0 \tag{2.19}$$

设 $c(t)$ 可以用一个定义在［a，b］区间内的三次样条函数来拟合：

$$c(t)=\sum_{t=-1}^{N+1}C_i\varphi_3\left(\frac{t-t_0}{h}-i\right) \tag{2.20}$$

其中

$$t_i = a + ih$$

$$h = (b-a)/N$$

式中：$\varphi_3(t)$ 为三次 Schoenberg 样条函数；N 为样条函数在 $[a, b]$ 区间上的等分点数；C_i 为待定系数。

令消去 $c(t)$ 后的时间序列 $\{z(t_i)-c(t_i)\}$ ($i=0, 1, \cdots, N$) 的方差达到最小，得到 $N+2$ 个方程构成的方程组：

$$\sum_{j=-1}^{N+1} C_j \sum_{i=1}^{n} \varphi_3\left(\frac{t_i - t_0}{h} - j\right)\varphi_3\left(\frac{t_i - t_0}{h} - l\right) = \sum_{i=1}^{n} y_i^2 \varphi_3\left(\frac{t_i - t_0}{h} - l\right)$$

$$l = -1, 0, 1, \cdots, N+1 \tag{2.21}$$

由此确定 C_i，进而确定 $c(t)$，再由（2.17）就可求得 $\{y(t)\}$。

假设时间序列 $\{y(t)\}$ 的时变均方根值可以用一个确定性函数 $A^2(t)$ 来表示：

$$\{y(t)\} = A(t)\{x(t)\} \tag{2.22}$$

其中$\{x(t)\}$是一个均方值为 1 的随机过程。对式（2.22）求均方值，就有

$$E\{y^2(t)\} = A^2(t)E\{x^2(t)\} = A^2(t) \tag{2.23}$$

即

$$E\{y^2(t) - A^2(t)\} = 0 \tag{2.24}$$

因此，在 $A^2(t)$ 可以用一个定义在 $[a, b]$ 区间内的三次样条函数来拟合的情况下，同样可以用上述方法确定 $A^2(t)$，利用式（2.22）就可求得 $\{x(t)\}$。若采用通常的平稳随机过程数据处理频谱分析方法来处理功率谱 $G_x(f)$和相关函数 $R_x(\tau)$，那么原始时间序列 $\{z(t)\}$ 的功率谱为

$$G(f, t) = A^2(t)G_x(f) \tag{2.25}$$

其相关函数为

$$R_z(\tau, t) = A^2(t)R_x(\tau) \tag{2.26}$$

按上述方法处理的非平稳时间序列，称为局部平稳的随机过程。$G_x(f)$ 描写了在任一时刻，此随机过程的单位均方值对各频率的分配。

2.5.2 闸门动水压力数据处理

按上述非平稳随机过程的数据分析方法，得到典型闸门底缘测点瞬时压力及时均压力随闸门开度的变化曲线，见图 2.11，时均压力与瞬时压力变化趋势基本相符，说明滤除脉动压力的效果较好。

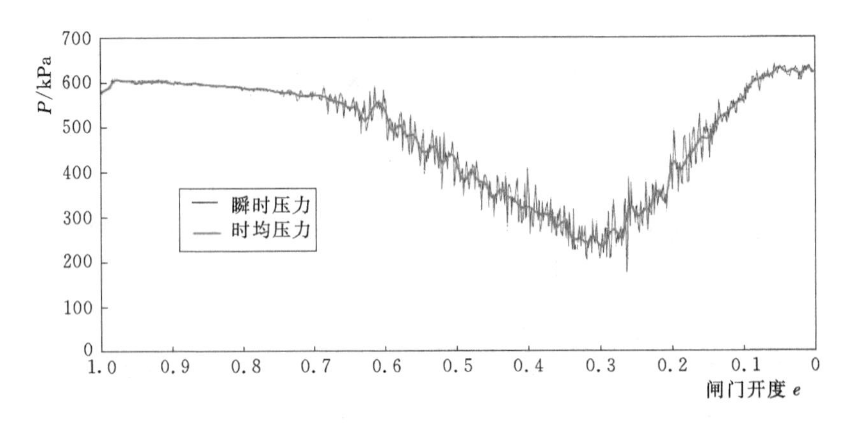

图 2.11　闸门门体典型测点瞬时压力和时均压力过程线

2.6　闸门动水闭门的水动力实验成果分析

2.6.1　Mica 电站进水口事故闸门水动力实验

Mica 电站进水口事故闸门动水闭门的水动力实验的典型工况见表 2.1，包括闸门运行水头、初始流量及闸门关闭速度等参数。

表 2.1　　　　**试验典型工况表**

工况编号	闸门运行水头 /m	初始流量 Q_0 /(m^3/s)	闸门关闭速度 /(m/min)	备注
1	71.5	335	6.1	设计流量
2	71.5	900	6.1	自由泄流

2.6.1.1　闸门动水闭门过程的非恒定水流形态

随着事故闸门的动水关闭，闸门区的水流经历满流→明满流过渡→明流 3 种流态。闸门区典型的明满流的流态转换形态见图 2.12～图 2.14，其非恒定水流形态变化特征如下。

(1) 闸门区为满流流态。在闸门动水关闭前期，相对闸门进入流道产生的局部阻力而言，流道下游出口（水轮机导叶处）的阻力是影响流道流量的主要因素，因此闸门区及压力管道水流保持为满流状态（图 2.12）。随着闸门的下降和闸门局部阻力的增大，闸后管顶的压力水头及通气井水位逐步降低。闸门采用下游面板止水的型式，闸门门井的水位（及门顶压力）则随着闸门开度减小而逐步上升。

图 2.12 闸后满流流态

（2）闸后明满流过渡流态。当闸门关闭至一定的临界开度 e_k 时，闸后管顶（及通气孔）的压力水柱降低至管顶的临界状态，通气孔内的水柱开始脱空，闸后水流随之从满流向明流过渡转换（图 2.13），闸后水流开始从通气井吸气和掺气。

图 2.13 闸后明满流过渡流态

（3）闸后明流流态。随着闸门继续关闭和开度的减小，闸后水流逐步呈收缩射流的明流状态（图 2.14），闸后高速射流强烈掺气。对于闸后为长管道系统，管道内的明满流水跃不断向下游管道推进。

比较不同初始流量条件下闸后流态变化特征，发现初始流量大小显著影响闸门区明满流转换的临界开度。当引水发电流量较小（$Q_0=335\mathrm{m^3/s}$）时，闸后满流向明流转换的临界开度 e_k 约为 0.3，在大流量的自由泄流（$Q_0=$

900m³/s）条件下，e_k 大幅提前至 0.9 开度附近。

图 2.14　闸后明流流态

2.6.1.2　闸门面板上的压力分布及水平推力

不同水头、流量条件下事故闸门上、下游面板的压力分布见图 2.15。闸门全开时由于泄流流量和闸门区过流流速的不同，闸门区及闸门门体的压力基本呈随泄流量的增大而减小的规律。在闸门动水关闭过程中，闸门上、下游面板压力分布和变化规律如下。

（1）闸门上游面板的压力在闸门全开时近似符合静水压力的线性分布规律，闸门开始关闭下降后，上游面板进入孔口部位并产生阻水作用，其压力局部突然增大，面板的整体压力就逐步偏离线性分布；当闸门关闭至临界开度 $e_k=0.3$（明满流过渡）以下后，在闸门控泄状态下过闸流量急剧减小，闸前过流流速快速降低，闸门上游面板的压力又开始逐步趋向于静水压力的线性分布。

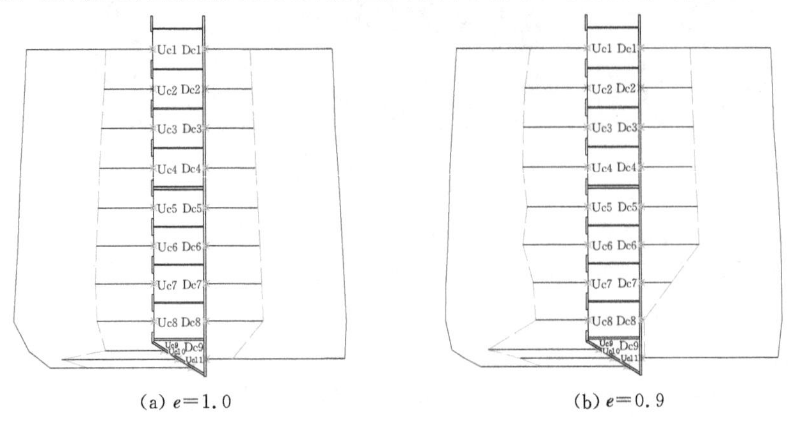

(a) $e=1.0$　　　　(b) $e=0.9$

图 2.15（一）　事故闸门上、下游面板上的压力分布

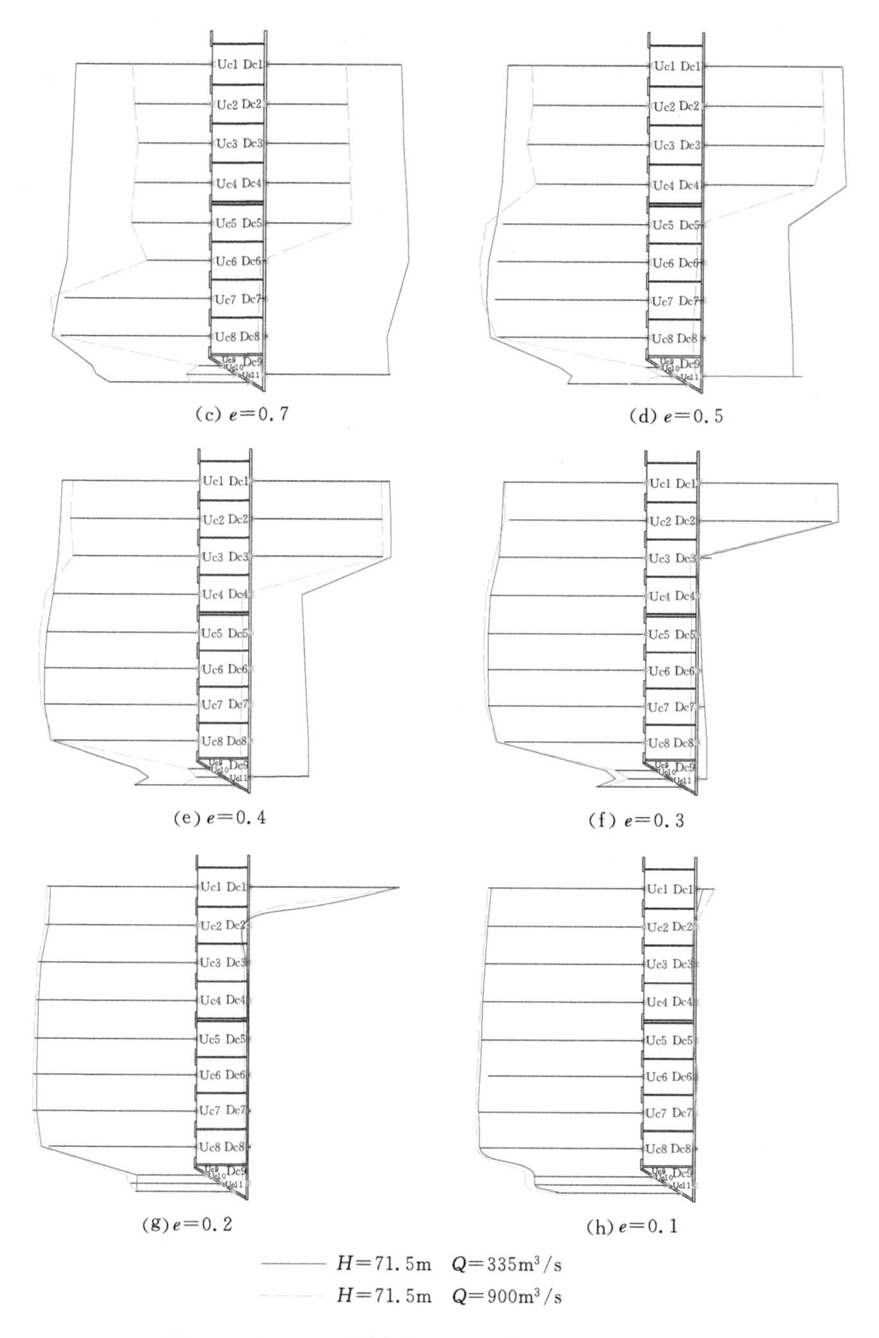

图 2.15（二）　事故闸门上、下游面板上的压力分布

（2）闸门下游面板的压力在闸门全开时也近似符合静水压力的线性分布规律；由于闸门为下游面板止水型式，随着闸门的关闭，下游面板位于孔口区域

的压力不断降低，位于门井区域的面板压力则随闸门关闭逐步增大，其值与门井水柱压力相当。当闸后水流从满流过渡为明流后，下游面板位于孔口区域的压力降低为零值附近。

（3）从闸门上、下游面板压力随闸门开度的变化过程可以看出，闸门面板的压力分布特征不仅与初始引水流量及闸门水头相关，其变化特性还受闸门的止水型式及闸后明满流流态转换过程等影响。

根据闸门上、下游面板压力分布，可按照式（2.2）计算闸门面板上的水平推力 ΔP_H。在水头 $H=71.5\text{m}$、流量 $Q_0=900\text{m}^3/\text{s}$ 的自由泄流条件下，闸门水平推力随闸门开度的变化曲线见图 2.16。闸门面板的水平推力随闸门关闭呈现逐步增大的变化规律，即随着闸门开度的减小，闸门上游面板压力不断增大，而下游面板压力逐渐减小，因此闸门面板的水平推力逐步增大。

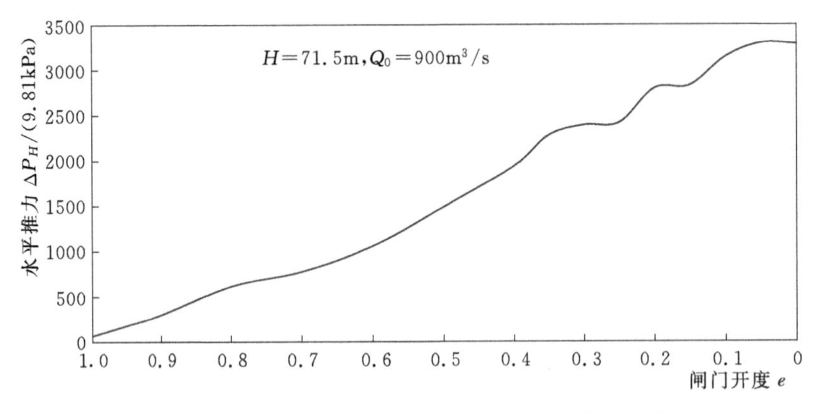

图 2.16　闸门面板上的水平推力随闸门开度的变化曲线

2.6.1.3　闸门底缘和门顶的动水压力

（1）闸门底缘压力的变化过程。不同水头流量条件下事故闸门底缘压力随闸门开度的变化曲线见图 2.17。闸门底缘压力随闸门开度的变化过程可分为以下 3 个阶段。

第一阶段：事故闸门底缘刚进入高速主流区时，在对水流阻滞作用下闸门底缘压力快速上升，形成上托压力峰值。

第二阶段：随着闸门的关闭，水流开始逐步脱离闸门底缘，闸门底缘压力持续下降，当闸门开度减小至一定程度时底缘上托压力出现最小值。

第三阶段：随着闸门开度继续减小，在闸门孔口控泄情况下过闸流量快速降低，底缘动水压力开始逐步升高，闸门关闭至底时接近上游水头的静水压力值。

统计分析闸门底缘最小压力的规律表明，引水流量水头对闸门底缘上托力影响显著，即流道初始引水流量越大，闸门底缘的最小上托压力越小。在引水流量从 $335\text{m}^3/\text{s}$ 增大至 $900\text{m}^3/\text{s}$ 时，闸门底缘 Uc9 测点的最小压力从 213.8kPa

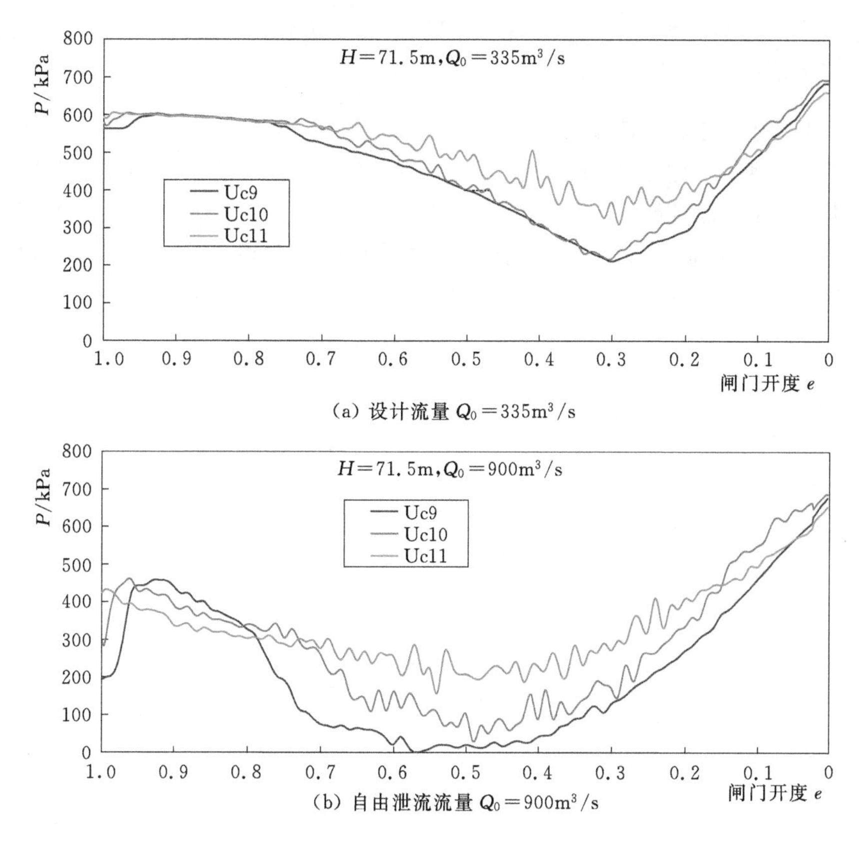

(a) 设计流量 $Q_0=335\text{m}^3/\text{s}$

(b) 自由泄流流量 $Q_0=900\text{m}^3/\text{s}$

图 2.17 闸门底缘压力随闸门开度的变化曲线

大幅度减小至 10.1kPa。

(2) 闸门门顶压力的变化过程。在自由泄流工况下闸门门顶压力随闸门开度的变化曲线见图 2.18。在事故闸门动水关闭过程中，闸门门顶压力随闸门

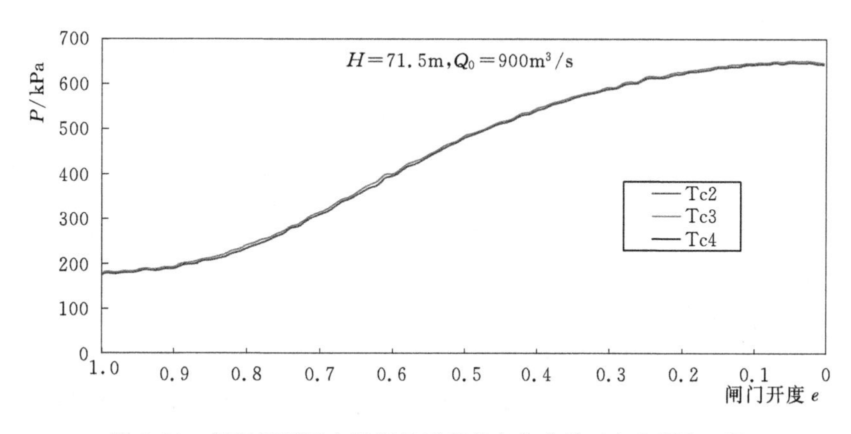

图 2.18 闸门门顶压力随闸门开度的变化曲线（自由泄流工况）

开度减小而逐步增大，门顶压力在闸门接近关闭至底（$e \to 0.3$）时趋于门顶的水头压力值。

2.6.1.4　闸门的闭门持住力

根据模型试验得到作用在闸门门体上的各项水力荷载，按照式（2.5）可以计算闸门的闭门持住力 F，取闸门综合摩擦系数 f 在 0.01～0.02 范围内，得到事故闸门动水关闭过程中的闭门持住力曲线，见图 2.19。闸门闭门持住力随闸门开度的变化过程可分为以下 3 个阶段。

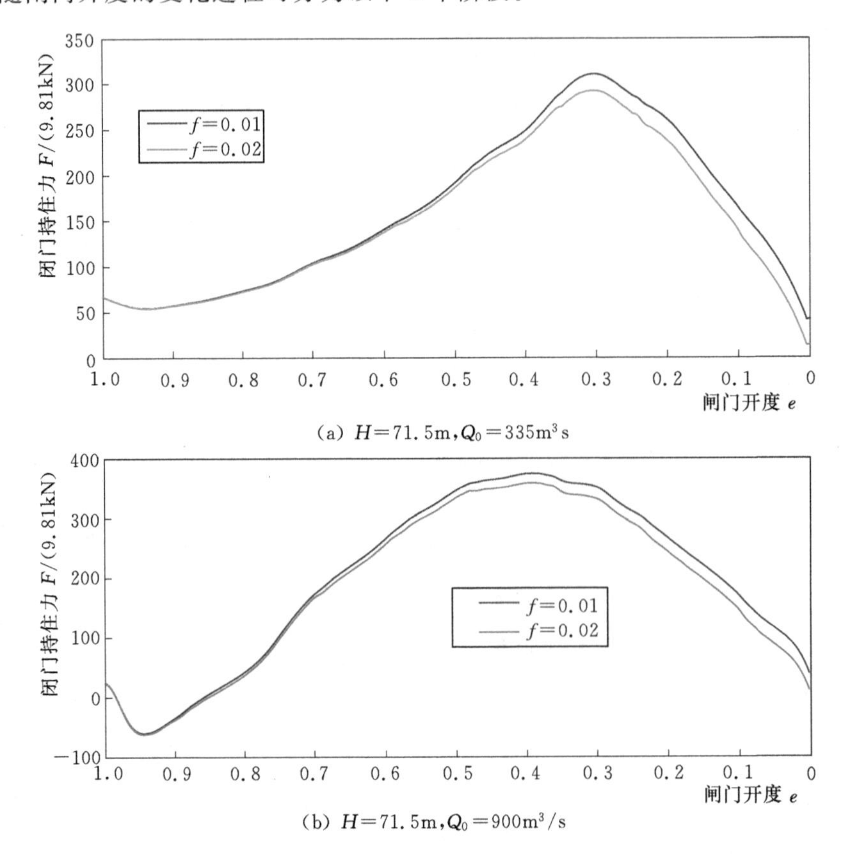

(a) $H=71.5\text{m}, Q_0=335\text{m}^3\text{s}$

(b) $H=71.5\text{m}, Q_0=900\text{m}^3/\text{s}$

图 2.19　事故闸门动水闭门持住力曲线

（1）在事故闸门关闭前期，由于底缘压力突然增大而门顶水柱压力增长缓慢，闸门闭门持住力呈局部降低趋势。

（2）闸门继续关闭后随着底缘压力降低，闭门持住力开始逐步增大，当闸门关闭至 0.5～0.3 开度（临界开度）附近时闭门持住力出现峰值。

（3）随着闸门开度继续减小，在底缘上托压力开始快速增长的情况下，闸门闭门持住力又呈现逐步降低趋势，当闸门接近完全关闭时减小至极小值。

试验表明初始流量显著影响闸门闭门持住力特性。在设计流量和自由泄流工况下，闸门最大闭门持住力分别为 310.5×9.81kN 和 374.7×9.81kN，最大值对应的闸门开度分别为 0.31 和 0.4。随着闸门区初始流量的增大，由于作用在闸门上的最小上托力降低（相当于下拉力荷载增加），闸门最大闭门持住力相应增大。

2.6.1.5 原型对模型试验结果的验证

Mica 电站在 2008 年对 1～4 号机组事故闸门进行了启闭力的原型观测，观测期间闸门上游水头为 62.76m，机组引水发电流量在 286.6m^3/s 附近，闸门关闭速度为 5.8m/min。为与原型闸门启闭力观测结果进行对比，此次试验在相同的水头、流量及闸门关闭速度条件下进行了模型事故闸门的动水关闭试验。

在模拟原型试验的工况下，根据模型实测作用在闸门上的各项水力载荷，分别按闸门摩擦系数 $f=0.01$ 和 $f=0.02$ 进行计算，得到事故闸门动水关闭过程中的闭门持住力曲线，见图 2.20，并将闸门闭门持住力的原型观测曲线也绘制在图 2.20 中进行比较。从闸门闭门持住力的模型试验结果和原型观测结果对比可以看出，闭门持住力随闸门关闭的变化规律基本相同，闸门摩擦系数 f 在 0.01～0.02 范围内时，模型闸门最大闭门持住力与原型观测结果的相对偏差仅在 2%～4%之间，且模型试验的闸门最大闭门持住力发生的闸门开度位置与原型观测结果也十分接近。从对比分析结果来看，模型试验结果与原型观测结果基本相符，验证了模型试验结果的可靠性。

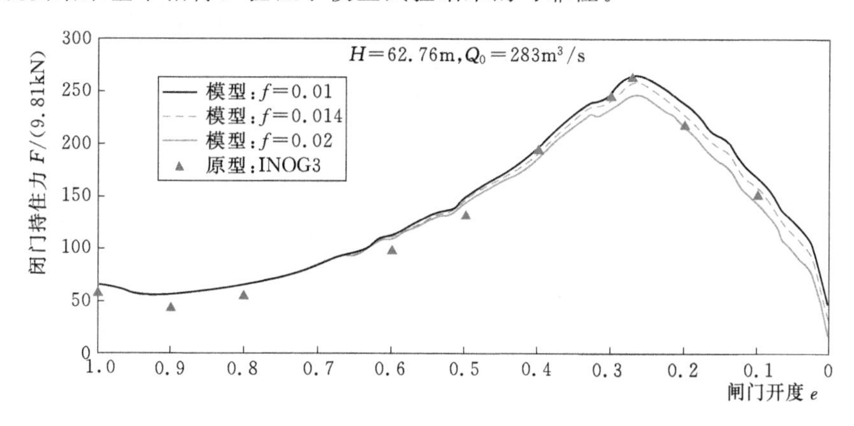

图 2.20 模型和原型事故闸门动水闭门持住力对比曲线

2.6.1.6 通气风速特性

在自由泄流工况下事故闸门分别以 6.1m/min 和 7.3m/min 速度动水闭门时，闸后通气井内风速变化曲线见图 2.21。闸门动水关闭过程中，闸门在 0.9

开度附近时门后水流从满流转变为明流，闸后水流开始从通气井大量补气，通气井内风速迅速上升，闸门关闭至 0.33 开度附近时，通气井的补气风速最大，且闸门关闭速度越快，通气井内风速越大，按重力相似准则计算，闸门以 7.3m/min 速度关闭时的最大通气风速达 179.5m/s，相应的最大通气量为 327.4m^3/s，随后通气井内风速随着闸门进一步关闭而逐步降低。

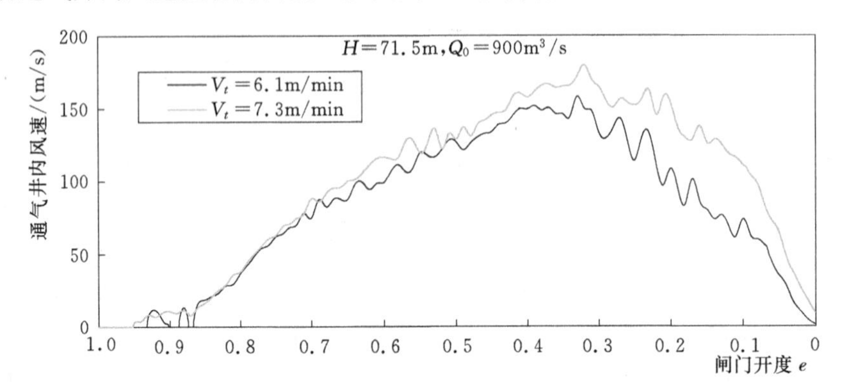

图 2.21　事故闸门动水关闭过程中通气井内风速变化曲线

2.6.1.7　闸门底缘体型修改试验

Mica 电站进水口事故闸门上游底缘倾角为 30°，从动水关闭试验发现闸门闭门持住力超过了启闭机设计容量，需要研究减小闸门的竖向（下吸）水力荷载和降低闸门持住力的工程措施。根据事故闸门关闭过程中的水流特点，结合闸门底缘附近的压力分布，采用增大闸门上游底缘倾角的方式进行修改体型，研究底缘型式变化对闸门动水关闭水力荷载的影响。试验拟定的底缘修改体型见图 2.22，将上游底缘倾角从 30°增大为 45°，闸门门体其他尺寸参数不变。

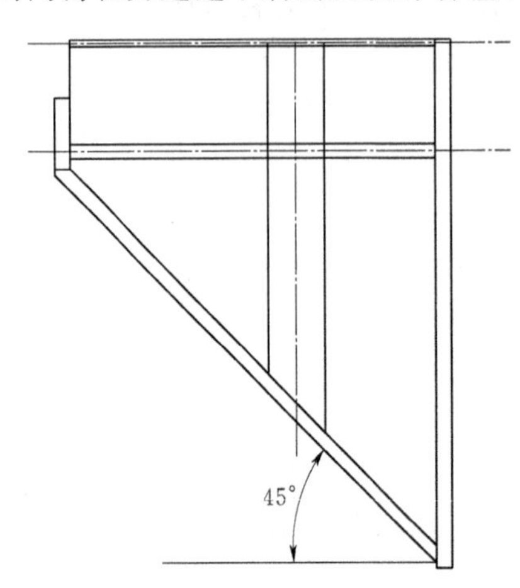

图 2.22　闸门上游底缘体型修改布置

对于闸门底缘修改体型，在 $H=71.5m$、$Q_0=335m^3/s$ 加大流量工况下由实测闸门门体水力荷载计算得到其闭力持住力曲线，见图 2.23。在闸门开度为 0.31 附近，事故闸门最大闭门持住力为（171.5～189.3）×9.81kN，远小于闸门启闭机设计容量。闸门底缘倾角从 30°增大为 45°时，闸门最大闭门持住力降低幅度近 120×9.81kN。试验结果表明，增大底缘倾角后闸门上托力明显增大，相应闭门持住力显著降低，可见底缘倾角的大小对闸门上托力荷载及启闭力具有显著影响。

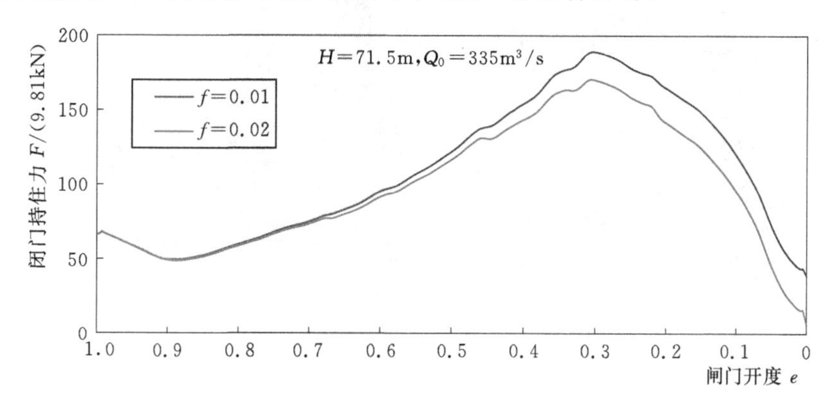

图 2.23　闸门（修改体型）动水闭门持住力曲线

2.6.2　小湾底孔事故闸门的动水关闭试验

小湾电站坝身底孔平面事故闸门为下游底缘体型、上游止水的布置型式，闸门支撑行走系统采用链轮型式。在高达 106m 的动水操作条件下，高速水流紊动可能导致闸门的水力荷载大幅波动变化，影响闸门动水关闭的水力因素十分复杂。该试验为模拟研究闸门的动水关闭特性，按照闸门链轮运行要求建立了大比尺的钢闸门及底孔流道模型，在不同水头条件下模拟了闸门动水关闭过程，研究了闸门区明满流转换的流态特征，测试研究了闸门底缘下吸力、门顶水柱压力及面板水平推力等水力荷载的变化规律，分析了影响闸门动水下门的水力因素。

（1）闸后水流流态。在小湾底孔事故闸门动水关闭过程中，闸门区水流从满流转变为明流的流态分别见图 2.24。在水头高达 106m 的条件下，闸门关闭至 0.7～0.5 开度时闸后水流呈强烈的明满流过渡状态，闸后高速射流紊动掺

(a) 门后满流流态(e=0.9)

(b) 满流向明流过渡临界流态(e=0.7)

图 2.24（一）　闸门动水关闭过程中闸后流态转变特征（H=106m）

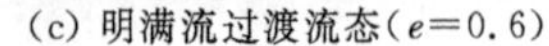

(c) 明满流过渡流态($e=0.6$)

(d) 门后明流流态($e=0.2$)

图 2.24（二）　闸门动水关闭过程中闸后流态转变特征（$H=106$m）

气强烈。对于这种短有压洞的布置型式，试验发现不同水头下闸后明满流转换的临界开度变化不大，但随着水头及过闸流速的增大，闸后明满流过渡过程和高速射流的吸气及掺气形态更为剧烈。

(2) 闸门门体的压力分布及脉动压力。上游水头从 45m 增大至 135m 时，闸门上、下游面板的压力分布见图 2.25。闸门全开时，闸门区及闸门门体的压力均随水头的增大而增大。闸门上、下游面板压力随闸门开度的变化规律同样与闸门过流流态密切相关（参见 2.6.1 节），由于该闸门为上游面板止水型式，当闸门关闭至开度为 0.7～0.5 之间时，闸后为满流向明流过渡流态，闸门整个下游面板及门顶的压力降低至零值附近。

事故闸门动水闭门时，伴随着闸孔高速射流及明满流流态演变，闸门门体特别是底缘附近呈现强烈的压力脉动特征，闸门底缘典型测点动水压力随闸门

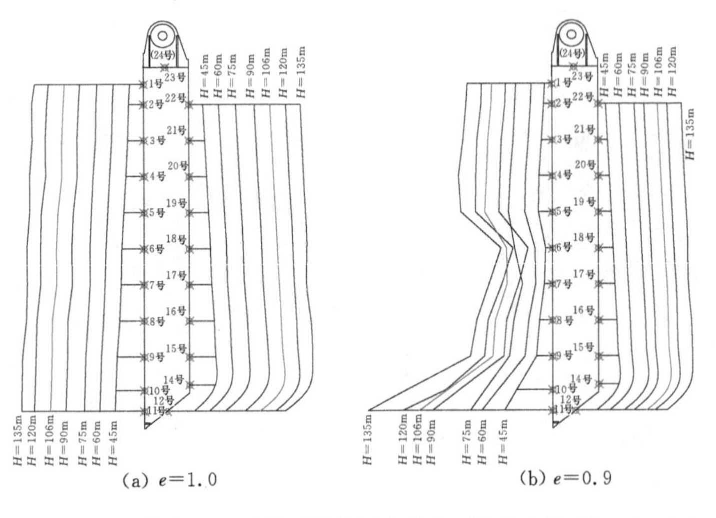

(a) $e=1.0$　　(b) $e=0.9$

图 2.25（一）　闸门上、下游面板的压力分布（上游水头 $H=45\sim135$m）

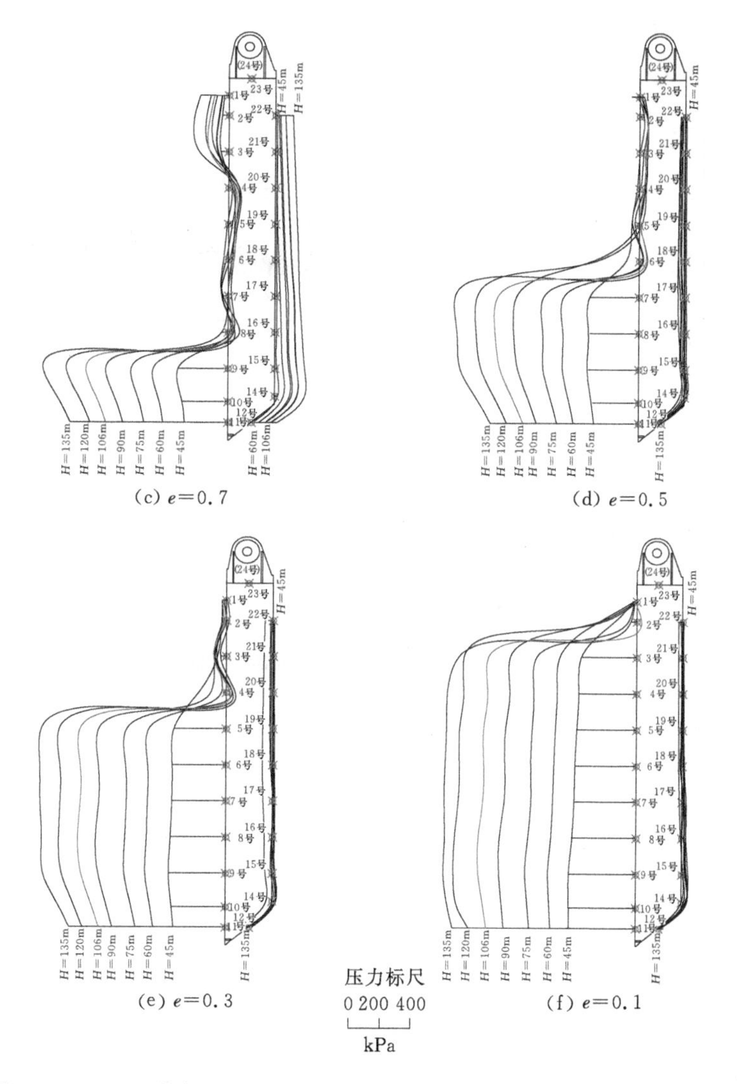

(c) $e=0.7$　　(d) $e=0.5$

(e) $e=0.3$　　(f) $e=0.1$

图 2.25（二）　闸门上、下游面板的压力分布（上游水头 $H=45\sim135\text{m}$）

开度的变化过程见图 2.26。采用 2.5 节的非平稳随机过程处理方法统计分析压力脉动强度，在闸门关闭至 0.7～0.5 开度附近时，闸门底缘脉动压力均方根最大值达 56.9kPa，表明高水头下闸门门体特别是底缘附近的水流紊动剧烈，在门体诱发了较强的压力脉动现象。

(3) 作用在闸门面板上的水平推力。不同上游水头下作用在闸门面板的水平推力 ΔP_H 随闸门开度的变化曲线见图 2.27。水平推力的变化过程与闸后流态密切相关，水平推力的大小主要由上游水头决定，即相同闸门开度下水平推力随上游水头的升高而增大。

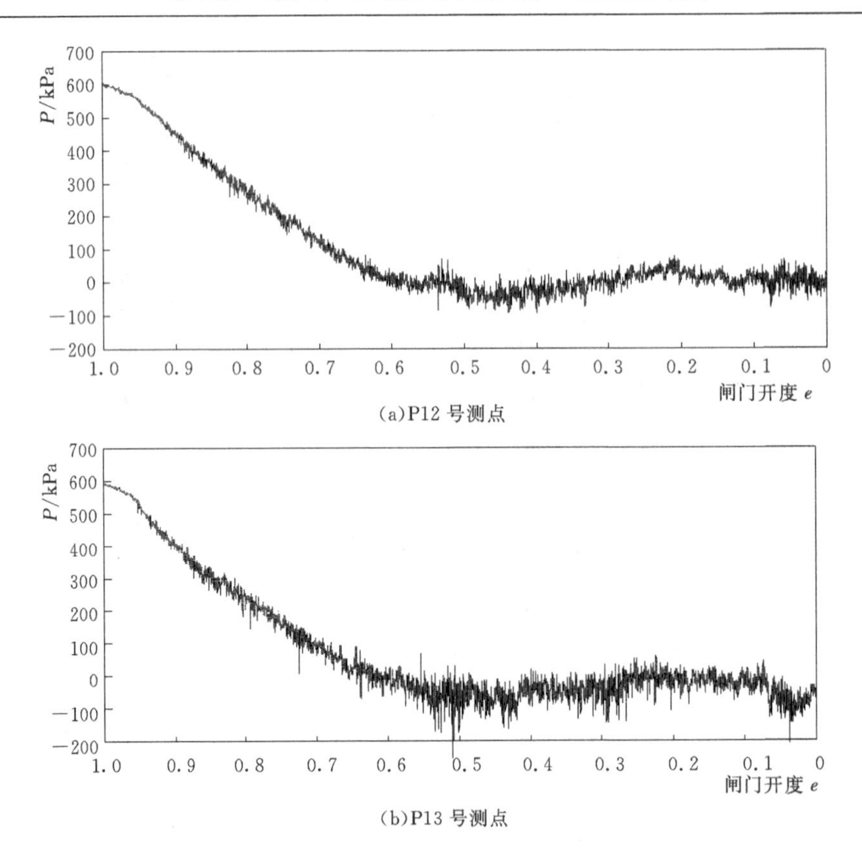

图 2.26　闸门底缘典型测点动水压力随闸门开度的变化过程
（上游水头 $H=106\text{m}$，闸门开度为全开）

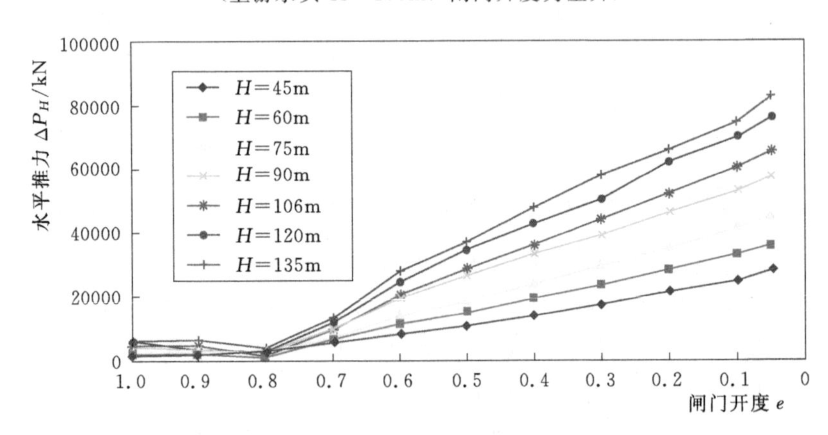

图 2.27　不同上游水头下作用在闸门面板上的水平推力随闸门开度的变化曲线

（4）闸门门顶水柱压力。不同上游水头下闸门门顶水柱压力 W_s 随闸门开度的变化曲线见图 2.28。小湾底孔事故闸门为上游面板止水型式，闸门门顶的水柱压力与门后明满流的流态密切相关。闸门开度处于0.7及以上时闸后为满流状态，门顶水柱压力随闸门关闭（开度减小）而逐步降低；当闸门关闭至0.7开度以下时闸后水流从满流逐步过渡为明流，闸门门顶水柱压力随即降至零值附近。

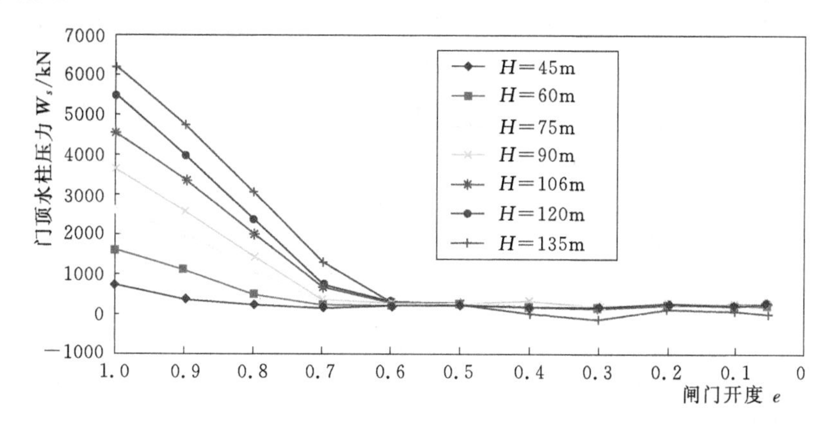

图 2.28 不同上游水头下闸门门顶水柱压力随闸门开度的变化曲线

（5）闸门底缘的下吸力。根据实测闸门底缘压强值和有效作用面积，计算得到闸门底缘下吸力 P_x 随闸门开度的变化曲线，见图 2.29。闸门底缘下吸力指闸后从满流转变为明流后，由于闸底射流扰动及吸气作用在底缘产生的负压及下吸力荷载。从图 2.29 可以看出，闸门关闭至开度为 0.6 以下时，作用在闸门底缘上的压强很快降低为负值而形成下吸力，且在闸门开度减小至 0.5～0.4 附近时下吸力达到最大值，表明此阶段闸后水流呈强烈的明满流过渡状态，闸孔射流趋于脱离底缘，因而在闸门底缘产生较高的负压及强烈的下吸力。随着上游水头的升高和过闸射流流速的增大，闸门底缘的下吸力呈随之增大的变化规律。

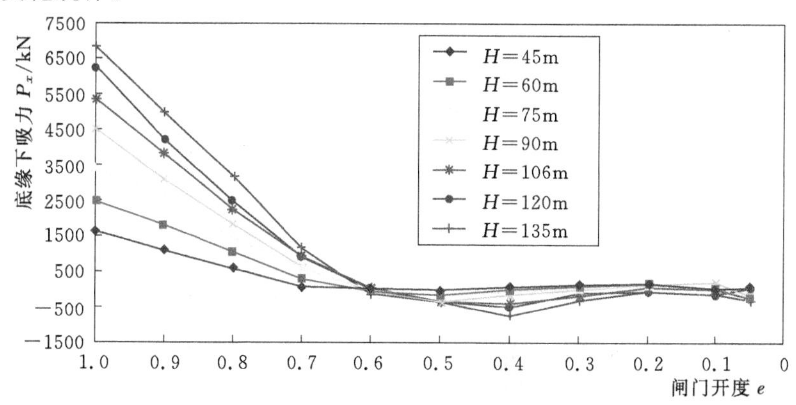

图 2.29 不同上游水头下闸门底缘下吸力随闸门开度的变化曲线

(6) 闸门门体上的竖向水压力。为分析闸门底缘下吸力、门顶水柱压力两者对闸门水动力特性的综合影响，按式 (2.4) 计算的闸门竖向水压力 ΔP_v 随闸门开度的变化曲线见图 2.30。闸门开度大于 0.7 时门后水流为满流状态，作用在闸门门体上的竖向水压力均为正值而形成总体向上的顶托力。随着闸门关闭（开度减小），竖向水压力也逐步降低，当闸门开度减小至 0.7 后闸后水流从满流过渡为明流，门底射流与闸门底缘脱离并强烈吸气，在闸门底缘区域形成较高的负压，作用在闸门上的竖向水压力很快降低为负值而形成下吸力作用荷载。闸门上游水头越高，作用在闸门上的竖向水压力（下吸力作用荷载）越大。上游水头从 45m 增大至 135m 时，闸门的竖向水压力（方向向下）在 151.0～651.7kN 之间。

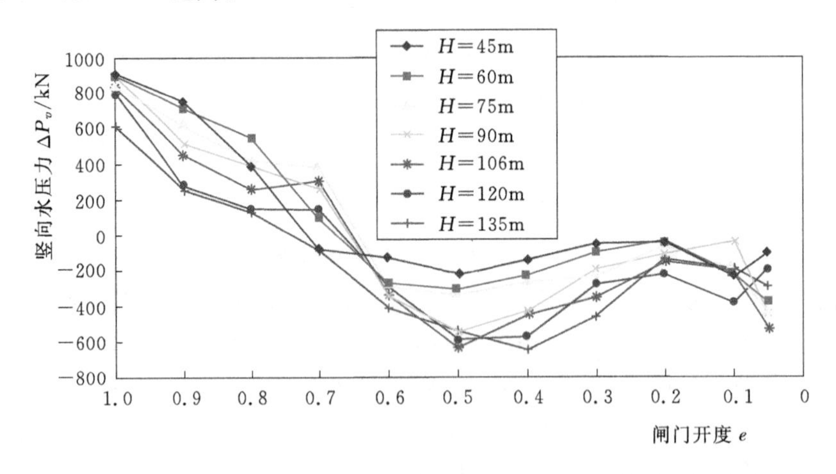

图 2.30　不同上游水头下作用在闸门门体上的竖向水压力随闸门开度的变化曲线

2.7　小结

本书采用动态的闸门水动力实验方法，以电站进水口和泄洪底孔两个典型底缘型式的事故闸门为实验对象，研究了平面事故闸门动水关闭水流的流态演变特征，分析了闸门门体压力分布、闸门门顶水柱压力、上托力及下吸力荷载随闸门开度的变化规律，探讨了闸门水头、流量及底缘体型对闸后流态和门体水动力特性的影响。

(1) 揭示了长、短流道系统下两个典型事故闸门动水关闭的水流流态转换特征的差异。模型试验表明，Mica 电站长引水流道的事故闸门动水关闭过程中，闸后水流流态明显受引水流道长度的影响，随着引水初始流量的增大，闸后满流向明流转换的临界开度随之增大。对于短有压洞型式下的小湾底孔事故闸门，上游水头及泄量对闸门明满流转换临界开度的影响则较小，区别在于高水头下闸门区明满流过渡过程和高速射流的掺气及吸气形态更为剧烈。

（2）研究了闸门上游底缘体型及初始引水流量对闸门水动力荷载的影响。Mica 电站进水口事故闸门底缘为上游倾角体型，闸门底缘上托力呈复杂的时空变化特征，从体型影响规律上来看，当上游底缘倾角从 30°增大为 45°时，由于闸门上托力增大而闭门持住力显著降低；随着初始引水流量的增大，闸门底缘上托压力的下降幅度也随之增大；闸门为下游面板止水型式下，闸门门顶水柱压力呈随闸门开度减小而逐步增大的变化特征。

（3）研究了闸门下游底缘体型、水头对闸门水动力荷载的影响。小湾底孔事故闸门底缘为下游倾角布置方式，闸门底缘的下吸力特性复杂。试验表明，上游水头和过闸流速越高，在闸门底缘产生的负压及下吸力荷载就越大。当闸门采用上游面板止水型式时，闸门门顶水柱压力随闸门开度减小而逐步减小。

第3章 平面闸门动水关闭的水动力数值模拟方法

高水头闸门动水闭门的水流为非恒定的高速水气两相流，模型试验发现闸后明满流流态变化和水动力条件非常复杂。闸门动水关闭的复杂水流特性及动边界等问题给闸门水动力数值模拟带来困难，数值模拟方法不合适时往往会影响计算的精度。因此，本章选取能较好描述闸门区复杂流动特性的数学模型，采用合理的网格适应方法处理闸门动边界问题，同时选用收敛性好和效率高的计算格式，针对典型事故闸门的动水关闭水流进行数值模拟分析，通过与模型试验及原型观测结果对比验证，论证数值模拟结果的可靠性及精度，从而提出适合平面闸门动水关闭的水动力数值模拟方法。

3.1 控制方程

闸门区绕流流场弯曲多变，闸门底缘处存在水流分离形态，压力梯度变化大，闸门区水流流动为复杂的非恒定湍流。目前，RANS雷诺平均法是数值求解N-S方程的主要方法，且 $k-\varepsilon$ 双方程紊流模型在工程计算中得到广泛应用。与标准 $k-\varepsilon$ 模型相比，RNG $k-\varepsilon$ 模型在 ε 方程中增加了反映时均应变率的项，间接改进了对耗散率方程的模拟，在一定程度上考虑了湍流的各向异性效应，因而RNG $k-\varepsilon$ 模型对处理流线弯曲流动及瞬变流更具有优越性。由于闸门区水流属于弯曲绕流和大压力梯度的非定常流动，故本书采用RNG $k-\varepsilon$ 模型对闸门动水关闭湍流进行模拟。

RNG $k-\varepsilon$ 模型的基本控制方程如下。

连续方程：

$$\frac{\partial\rho}{\partial t}+\frac{\partial}{\partial x_i}(\rho u_i)=0 \tag{3.1}$$

动量方程：

$$\frac{\partial}{\partial t}(\rho u_i)+\frac{\partial}{\partial x_j}(\rho u_i u_j)=-\frac{\partial p}{\partial x_i}+\frac{\partial}{\partial x_i}\left[(\mu+\mu_t)\left(\frac{\partial u_i}{\partial x_j}+\frac{\partial u_j}{\partial x_i}\right)\right] \tag{3.2}$$

k 方程：

$$\frac{\partial}{\partial t}(\rho k)+\frac{\partial}{\partial x_i}(\rho k u_i)=\frac{\partial}{\partial x_i}\left(\alpha_k\mu_{eff}\frac{\partial k}{\partial x_i}\right)+G_k-\rho\varepsilon \tag{3.3}$$

ε 方程：

$$\frac{\partial}{\partial t}(\rho\varepsilon)+\frac{\partial}{\partial x_i}(\rho\varepsilon u_i)=\frac{\partial}{\partial x_i}\left(\alpha_\varepsilon\mu_{eff}\frac{\partial\varepsilon}{\partial x_i}\right)+C_{1\varepsilon}\frac{\varepsilon}{k}G_k-C_{2\varepsilon}^*\rho\frac{\varepsilon^2}{k} \tag{3.4}$$

式中：t 为时间；u_i、x_i 分别为流速和坐标方向分量；p 为压强；ρ、μ 分别为密度和分子黏性系数；k 为湍动能；μ_t 为湍动黏度系数；ε 为紊流耗散率；α_k、α_ε 分别为 k 和 ε 的 Prandtl 数的倒数，取 $\alpha_k=1.393$，$\alpha_\varepsilon=1.393$；G_k 为由平均速度梯度引起的湍动能产生项；μ_{eff} 为有效黏性系数；$C_{1\varepsilon}$ 为常数，$C_{1\varepsilon}=1.42$；$C_{1\varepsilon}$、$C_{2\varepsilon}^*$ 为紊流耗散系数。

其中：

$$G_k=\mu_t\left(\frac{\partial u_i}{\partial x_j}+\frac{\partial u_j}{\partial x_i}\right)\frac{\partial u_i}{\partial x_j} \tag{3.5}$$

$$\mu_t=\rho C_\mu\frac{k^2}{\varepsilon} \tag{3.6}$$

$$C_{2\varepsilon}^*=C_{2\varepsilon}+\frac{C_\mu\eta^3(1-\eta/\eta_0)}{1+\beta\eta^3} \tag{3.7}$$

式中：η 为应力率；$C_{2\varepsilon}$ 为经验系数，取 $C_{2\varepsilon}=1.68$。

k 方程中的有效黏性系数 μ_{eff} 针对水流高、低雷诺数 Re 分别计算取值。

对于低雷诺数 Re：

$$\mu_{eff}=\mu_t=\rho C_\mu\frac{k^2}{\varepsilon} \tag{3.8}$$

对于高雷诺数 Re，μ_{eff} 满足：

$$\mathrm{d}\left(\frac{\rho^2 k}{\sqrt{\varepsilon\mu}}\right)=1.72\frac{\hat{\nu}}{\sqrt{\hat{\nu}^3-1+C_\nu}}\mathrm{d}\hat{\nu} \tag{3.9}$$

其中：$\hat{\nu}=\mu_{eff}/\mu$，$C_\nu\approx100$。

3.2　自由表面 VOF 模型

闸门动水闭门过程中门后水流一般经历满流、明满流过渡和自由出流的过程，闸门流动区域中存在水气界面，属于水气两相分层流动。在追踪流体自由表面的模拟方法中，VOF 法通过求解网格中流体的体积函数来捕捉自由表面，具有计算量小且方便易行的特点，同时能处理自由表面大变形等强非线性问题，适合闸门区水气两相交界面的计算。

VOF 模型通过求解水的容积分数 α_w 来追踪相间交界面，其连续方程表达式为

$$\frac{\partial\alpha_w}{\partial t}+u_i\frac{\partial\alpha_w}{\partial x_i}=0 \tag{3.10}$$

引入VOF方法后，RNG $k-\varepsilon$ 湍流模型中的密度 ρ 和黏性系数 μ 物性参数的表达式发生变化，分别由容积分数的加权平均值给出：

$$\rho=\alpha_w\rho_w+(1-\alpha_w)\rho_a \tag{3.11}$$

$$\mu=\alpha_w\mu_w+(1-\alpha_w)\mu_a \tag{3.12}$$

VOF模型中的几何重构法（geometric reconstruction）是采用分段线性方法表示界面位置的，适用于非结构网格，比较精确，故本书采用几何重构法对闸门区自由表面进行跟踪计算。

闸门动水关闭水流存在复杂的动边界问题，动网格技术的适应难度较大。闸门区由于几何结构复杂而一般只能用分块网格来构建，当模拟闸门边界运动时，通常采取的网格重构方法容易导致网格大畸变或更新出错，会影响数值计算的精度甚至导致计算无法完成。

动网格模型可以用来模拟流场形状由于边界运动而随时间改变的问题，即可以在计算前定义研究对象的速度或角速度，在计算过程中采用一定的方法进行网格的重新划分和自适应。在任意一个控制体中，基于广义标量 Φ 的动网格的守恒方程为

$$\frac{\mathrm{d}}{\mathrm{d}t}\int_V\rho\Phi\mathrm{d}V+\int_{\partial V}\rho\Phi(\vec{u}-\vec{u}_g)\mathrm{d}\vec{A}=\int_{\partial V}\Gamma\nabla\Phi\mathrm{d}\vec{A}+\int_V S_\Phi\mathrm{d}V \tag{3.13}$$

式中：ρ 为流体密度；$\vec{u}$ 为速度向量；$\vec{u}_g$ 为移动网格的网格速度；Γ 为扩散系数；S_Φ 为源项；∂V 为控制体 V 的边界。

动网格技术与一般流动计算设置的主要区别在于网格更新方法和更新域设置。

（1）“域动网格”法。由于固壁边界有时形状较为复杂，壁面附近网格尺度与周围网格尺度存在较大差别，故网格更新时变形较大。在这种情况下可以设置一个包含固壁运动边界的计算域，通过该计算域的整体运动模拟域内物体的运动，这种方法称为“域动网格”法。在“域动网格”法中，需要设置包含运动物体的内部计算域，内部计算域界面均为刚体运动域。

（2）网格更新方法。动网格计算中网格的动态变化过程可以用3种模型进行计算，即弹簧近似光滑模型（spring - based smoothing）、动态分层模型（dynamic layering）和局部重划模型（local remeshing）。

1）弹簧近似光滑法将任意两网格节点之间的连线理想地看成一条弹簧，并通过近似弹簧的压缩或拉伸实现网格和计算域的改变。该方法网格拓扑不变，无需网格的插值处理，对结构化（四边形、六面体）和非结构化（三角形、四面体）网格同样适用。但不适用于大变形情况，当计算区域变形较大时，变形后的网格质量变差，严重影响计算精度。

2）动态分层法在运动边界相邻处根据运动规律动态增加或减少网格层数，以此来更新变形区域的网格。该方法适用于结构化网格，通过设置适当的分层和缩减系数，更新后的网格依然为较为均匀的结构化网格，对计算精度影响较小。对于运动域具有多自由度和任意变形的情况，该方法处理起来非常困难。

3）局部重划方法在整个网格更新区域内依据设定的最大和最小网格尺寸判断需要进行重生的网格，并依据设置的更新频率进行网格重生处理。该方法适用于非结构化网格，能够较好地应用于任意变形的计算区域处理。

本研究考虑到闸门几何和网格结构复杂，且闸门启闭为单向大幅度运动，采用"域动网格"法和动态分层法更新闸门区网格。闸门区的"域动网格"法即是设置一个包含闸门运动边界的计算域，通过该计算域的整体运动来模拟域内闸门动水闭门的运动，从而避免了计算过程中闸门区复杂网格的重构；动态分层法在运动边界相邻处根据运动规律动态增加或减少网格层数，适用于闸门的单向运动。这两种方法相结合的优点是闸门区网格更新后不发生畸变，从而保证了网格质量和计算精度。

3.3 计算域、网格、初始条件、边界条件及数值算法

3.3.1 计算域及网格的划分

闸门水流数值模拟的计算域首先根据闸门及流道布置进行模型概化，在详细构建闸门区几何形状的同时，选取合适的上、下游边界条件，以保证不影响闸门区水流特性。本书数值模拟研究对象与实验对象完全相同，计算域也参考物理模型试验来设定。

（1）Mica电站进水口事故闸门（上游底缘体型）的计算域及网格。Mica电站进水口平面事故闸门孔口尺寸为5.258m×6.706m（宽×高），事故闸门宽6.7m、高7.188m、厚1.143m，闸门为下游面板止水，底缘为上游倾角30°的布置型式。进水口流道及闸门区的计算模型以闸门和门槽门井为中心，闸门上游模拟至流道进水口及上游部分库区（模拟至水库上游与进水口的距离为5倍孔口高度的位置），以满足模拟进水口及闸门上游来流的条件；闸门下游模拟至水轮机导叶位置的压力管道段，可保证下游流动已发展成稳定状态。Mica电站流道及闸门整体模型计算域见图3.1。

以闸门顺水流方向中心面建立对称模型，采用四面体和六面体混合网格模拟闸门区不规则结构，并对闸门区网格进行加密处理，闸门区计算网格划分见图3.2。对网格数量分别为58万、87万、116万和145万的4种网格计算的

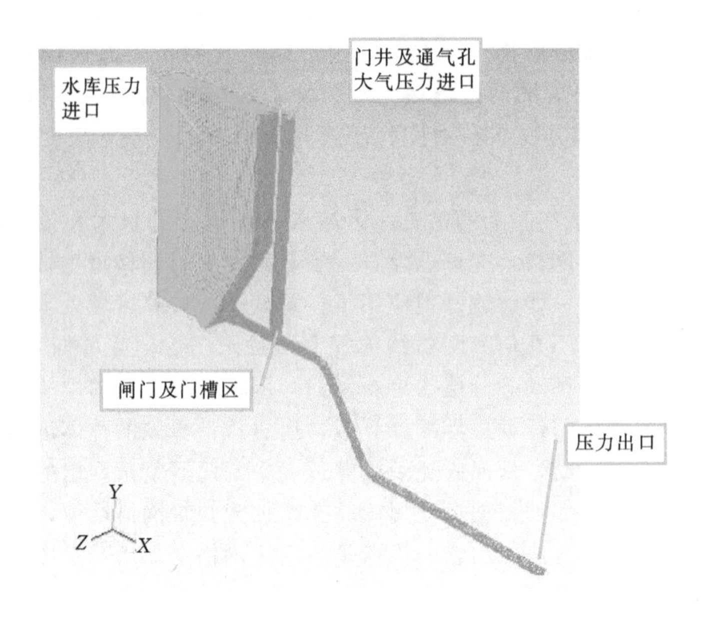

图 3.1　Mica 电站流道及闸门整体模型计算域

闸门底缘压力进行比较（图 3.3），网格数量从 58 万增加至 87 万时，闸门底缘压力计算值的最大相对偏差为 9.7%，网格数量增加至 116 万时，与 87 万网格计算值的相对偏差为 4.5%，与 145 万网格计算值的相对偏差仅为 2.3%，表明网格数量达 116 万时，对计算精度的影响已很小，综合考虑计算精度和计算效率，选取网格数量为 116 万作为本书模型的计算网格，其中闸门区最小网格长度约为 0.015m。

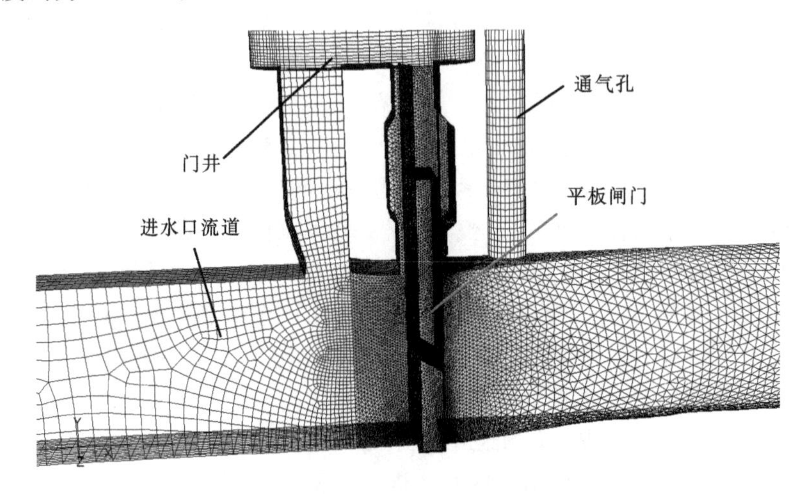

图 3.2　闸门区计算网格划分

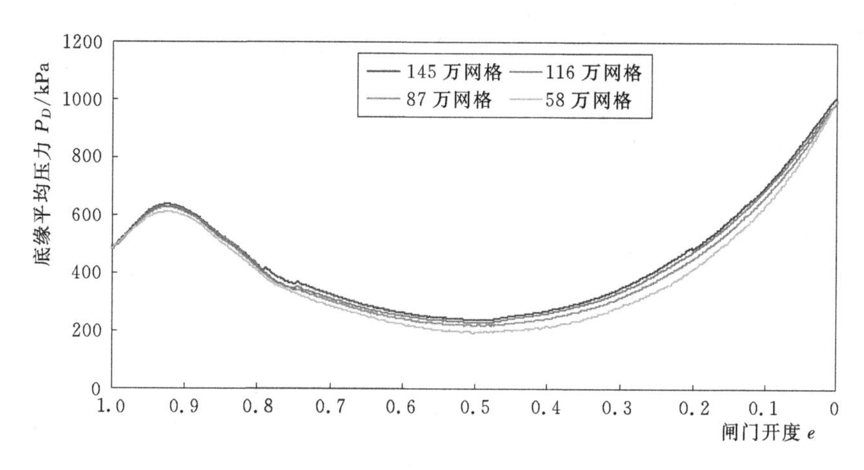

图 3.3 不同网格数下闸门底缘压力计算曲线比较

(2) 小湾底孔事故闸门（下游底缘体型）的计算域及网格。小湾底孔事故闸门区采用四面体和六面体混合网格，底孔及上游库区采用六面体网格。库区上游也模拟至约 5 倍孔口高度的位置，下游模拟至底孔的出口。1：6 斜门槽和竖直门槽型式下闸门区计算域及网格示意见图 3.4。

3.3.2 边界条件

Mica 电站进水口事故闸门和小湾底孔事故闸门计算模型的上、下游边界条件基本类似。上游进口均采用底板至水库水面静压分布的压力进口边界条件；门井及通气孔进口给定空气入口边界条件；下游出口均为压力出口边界条件，其中 Mica 电站流道下游出口为考虑阻力系数的 outvent 型压力出口边界形式，对不同初始泄流流量通过试算得到相应的阻力系数值。小湾底孔事故闸门流道出口边界条件为 1 个大气压力。

闸门按关闭速度给定运动边界条件，采用“域动网格”法和动态分层法模拟闸门的关闭过程。闸门轮廓表面及流道固壁均定义为无滑移条件，采用标准壁函数法模拟。

3.3.3 初始条件

模拟闸门动水关闭的非恒定流过程的初始条件为闸门全开的恒定过流流场。对于 Mica 电站进水口上游底缘闸门的计算模型，按给定的闸门上游水头和初始泄流流量，对下游出口阻力系数试算直到满足初始泄流的恒定流状态；对于下游自由出流的小湾底孔事故闸门，在出口压力为 1 个大气压条件下计算闸门全开的恒定泄流初始条件。

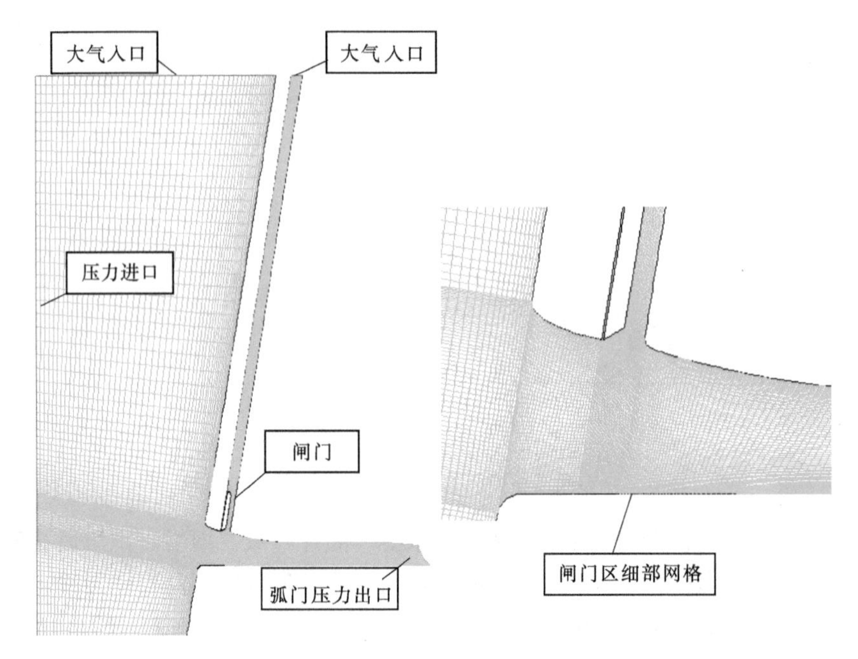

(a)1∶6 斜门槽型式底孔闸门计算域和闸门区网格示意图

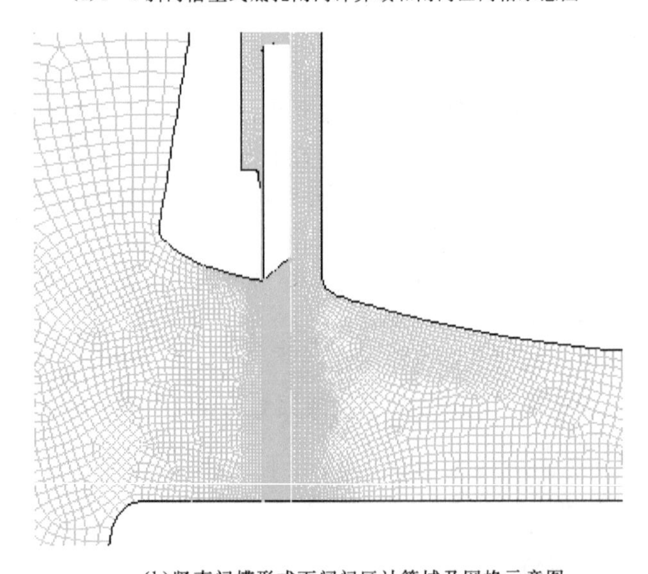

(b)竖直门槽形式下闸门区计算域及网格示意图

图 3.4　1∶6 斜门槽和竖直门槽型式下闸门区计算域及网格示意图

3.3.4　计算软件及模型参数

本书采用流体力学 Fluent 软件作为基础平台进行计算，进口压力边界、闸门区动网格等通过 UDF 自定义函数来实现。计算中压力插值采用 PRESTO！格式，压力速度的耦合计算采用 PISO 算法，对流项、紊动能、紊动耗散率等采用二阶离散格式，时间项离散采用一阶隐格式。

3.4　数值模拟结果及模型的验证

3.4.1　Mica 电站进水口事故闸门动水关闭的数值模拟结果及验证

为与物理模型试验进行比较，计算工况选取为上游水头 H=71.5m，闸门全开初始流量 Q_0 分别为 335m^3/s 和 900m^3/s（自由泄流工况），闸门关闭速度 V_t=6.1m/min，关闭全程时间为 65.95s，对闸门动水关闭过程的流场及门体压力进行计算分析。

3.4.1.1　闸门区流场分布计算及两相流场对比验证

（1）闸门动水关闭的流场分布计算结果。在闸门水头 H=71.5m、初始流量 Q_0 = 900m^3/s 的自由泄流工况下，闸门全开和闸门开度 e=0.75、0.5、0.25 时刻闸门区流速场分布和变化特征见图 3.5。随着闸门的关闭，过闸水流均呈典型的绕流流场分布特征，且闸门底缘附近存在脱流及水流分离的现象，闸底绕流在闸后与洞顶间形成局部涡旋流，闸后通气孔水位及洞顶压力随之不断降低。图 3.6 和图 3.7 分别给出了闸门开度 e=0.87 和 e=0.5 下闸门区水气两相体积分布，闸门关闭至 0.87 开度附近时闸后通气孔水柱脱空并向门后补气，水流从满流向明流状态转换；随着闸门的继续下降关闭，闸后呈孔口射流形态，射流与空气的交界面逐渐降低。

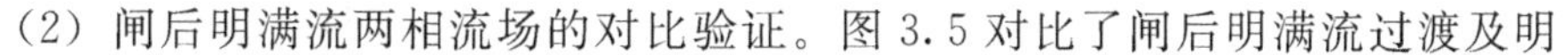

（2）闸后明满流两相流场的对比验证。图 3.5 对比了闸后明满流过渡及明

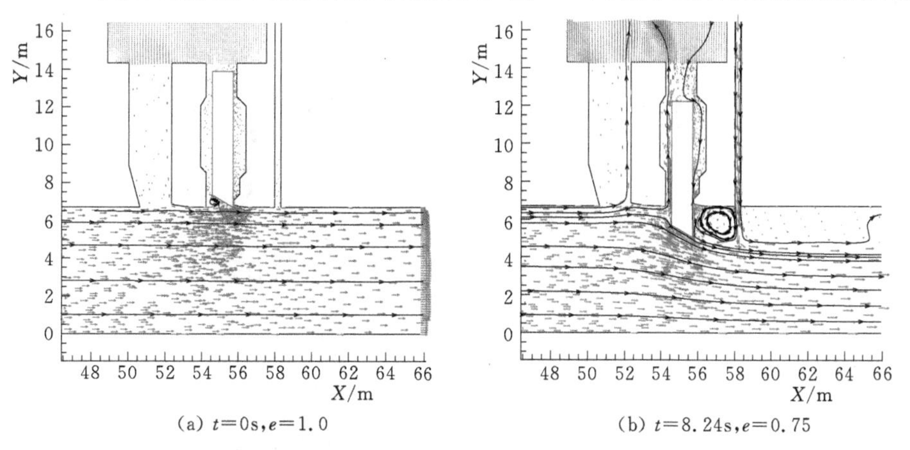

(a) t=0s,e=1.0　　(b) t=8.24s,e=0.75

图 3.5（一）　闸门动水关闭过程中的流速场分布和变化特征（H=71.5m，Q_0=900m^3）

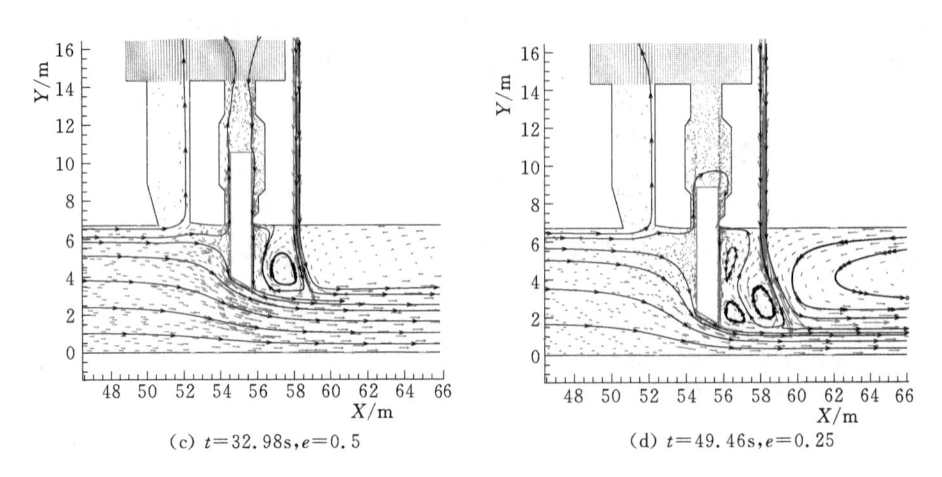

(c) $t=32.98$s, $e=0.5$　　(d) $t=49.46$s, $e=0.25$

图 3.5（二）　闸门动水关闭过程中的流速场分布和变化特征（$H=71.5$m，$Q_0=900$m³）

流两个特征状态下闸门区水气两相流场分布计算和试验结果。在闸门动水关闭过程中，数值模拟得到的门后明满流转换流态特征及临界开度（$e=0.87$）与模型试验结果基本吻合，闸孔明流（$e=0.5$）的射流流态与试验结果也基本相符。

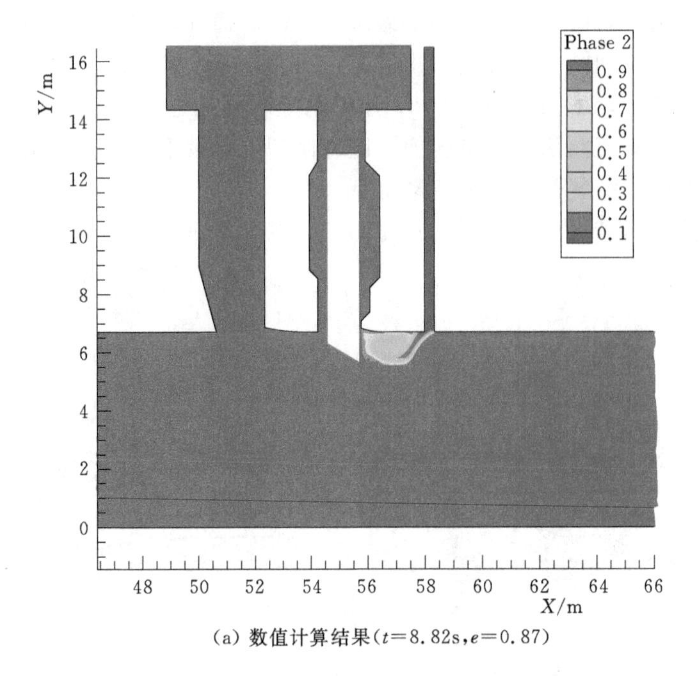

(a) 数值计算结果($t=8.82$s, $e=0.87$)

图 3.6（一）　闸门区水气两相分布与明满流过渡流态试验结果比较
（$H=71.5$m，$Q_0=900$m³/s）

(b) 试验流态照片(e=0.9)

图 3.6(二) 闸门区水气两相分布与明满流过渡流态试验结果比较
(H=71.5m, Q_0=900m^3/s)

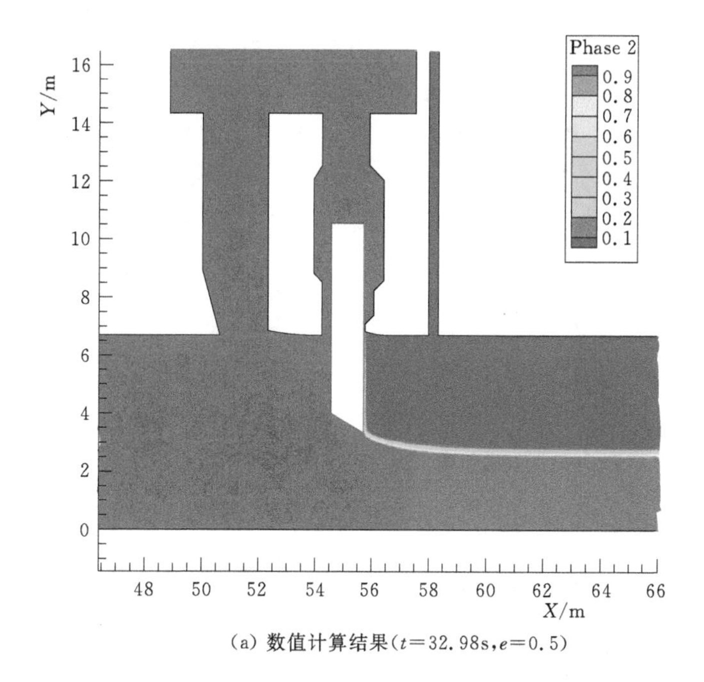

(a) 数值计算结果(t=32.98s,e=0.5)

图 3.7(一) 闸门区水气两相分布与明流流态试验结果比较
(H=71.5m, Q_0=900m^3/s)

(b)试验流态照片(e=0.5)

图 3.7（二）　闸门区水气两相分布与明流流态试验结果比较
（H=71.5m，Q_0=900m^3/s）

3.4.1.2　闸门门体压力分布计算及水力荷载的对比验证

（1）闸门门体压力分布计算结果。图 3.8 给出了闸门关闭过程中闸门区及门体压力分布变化。闸门开始动水关闭后，闸门上游阻水面板及门顶压力逐渐增大，门井区及闸门上游面板压力基本呈线性分布规律；随着闸门开度减小，闸门底缘及孔口主流区呈大压力梯度变化，由于底缘产生的脱流和水流分离

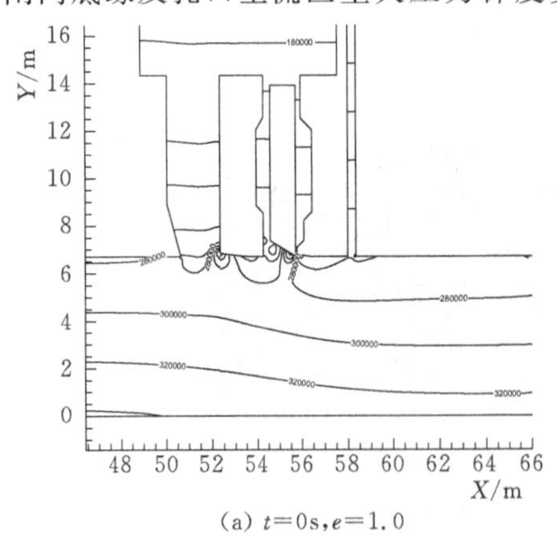

(a) t=0s,e=1.0

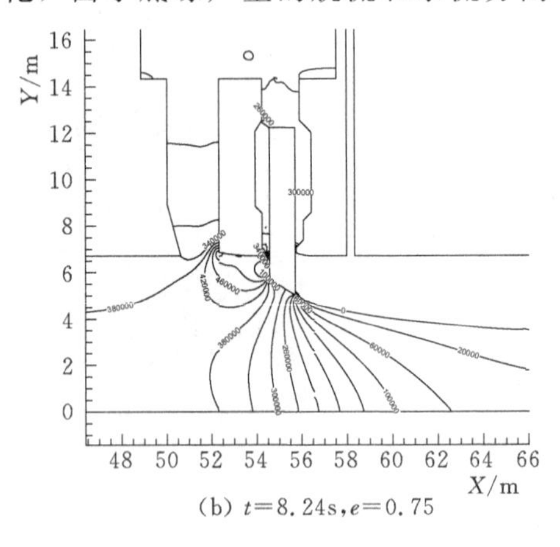

(b) t=8.24s,e=0.75

图 3.8（一）　闸门动水关闭过程中门体压力等值线分布
（H=71.5m，Q_0=900m^3/s）

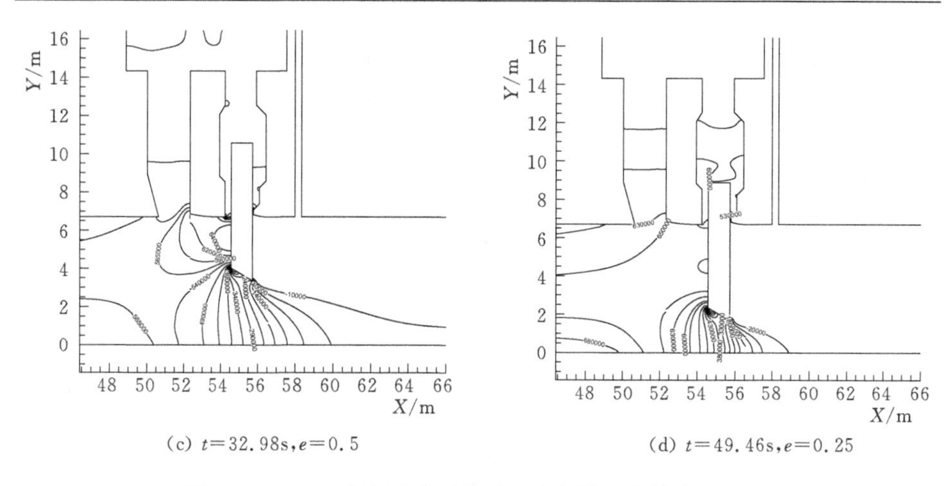

图3.8（二）　闸门动水关闭过程中门体压力等值线分布

（H=71.5m，Q_0=900m^3/s）

涡，底缘前部压力明显降低，压力沿底缘呈逆压梯度分布。从闸门底缘附近紊动能分布（图3.9）也可以看出，底缘前部脱流区的水流紊动强度最大，也表明局部分离形水流会影响闸底的压力分布及大小。

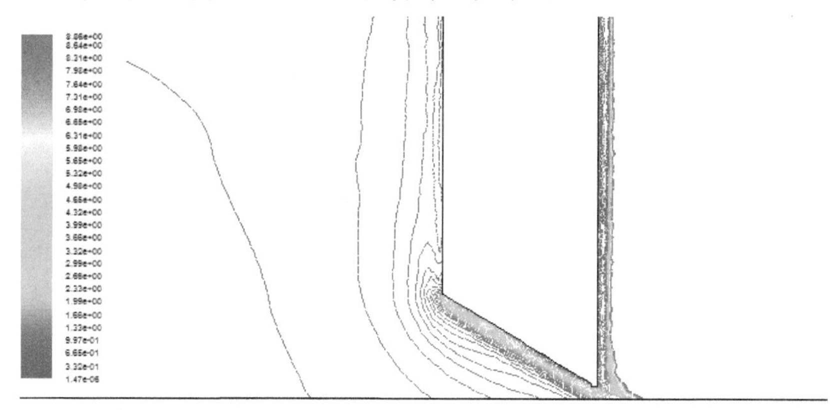

图3.9　闸门底缘区紊动能分布（t=32.98s，e=0.5）

（2）闸门竖向水力荷载计算结果与模型试验的对比验证。图3.10为闸门底缘上托压力、门顶水柱压力的计算值和模型实测值曲线。由图3.10可知，门顶水柱压力、底缘上托压力随闸门开度的变化规律与模型试验基本一致。不同闸门开度下门顶水柱压力计算值与试验值偏差小于5%；闸门开度e=0.4附近底缘最小压力的计算值与试验值也仅相差6%，闸门开度e<0.4后底缘压力计算曲线与试验曲线有较小的相位偏差，相应的计算偏差较大一些。验证结果表明，数值模拟结果与模型试验结果基本吻合，采用的数值模拟方法能较好地模拟闸门动水闭门过程的水动力特征。

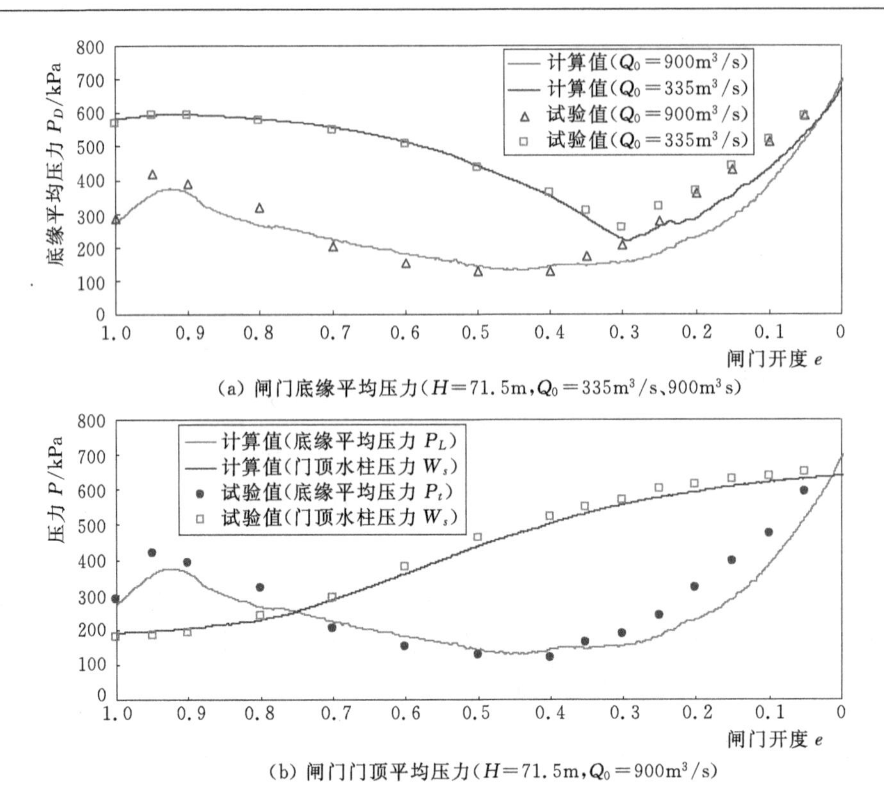

(a) 闸门底缘平均压力(H=71.5m，Q_0=335m³/s、900m³s)

(b) 闸门门顶平均压力(H=71.5m，Q_0=900m³/s)

图3.10　闸门动水关闭过程中底缘上托压力及门顶水柱压力计算值和试验值的对比

3.4.2　小湾底孔事故闸门动水关闭的数值模拟结果及验证

本节在上游水头为106m的计算工况下，对小湾底孔事故闸门动水关闭水流进行了数值模拟分析，研究了水流流场及门体压力分布特征，并与物理模型试验进行对比验证。

3.4.2.1　闸门区流场分布

小湾底孔事故闸门为下游底缘布置型式，从流场分布数值模拟结果来看(图3.11)，在闸门动水闭门过程中，闸后也呈复杂的明满流流态转换过程。随着闸门的关闭，闸门下游底缘产生较明显的回流旋涡，闸门为上游面板止水方式，因而门井水位不断降低。当闸门开度大于0.7时闸门区为满流形态，闸门关闭至0.65开度附近时，闸后上方开始出现明显的水气两相旋滚流，呈典型的水气两相明满流交替特征；当闸门继续关闭至0.6开度以下后，闸后水流发展为自由出流的明流形态，闸孔高速射流强烈卷吸气体并从门井大量补气。

与闸门动水关闭的模型试验对比，数值计算得到的闸后满流开始向明流过渡时的闸门临界开度略微偏大，明满流过渡的历时则相对较短一些。

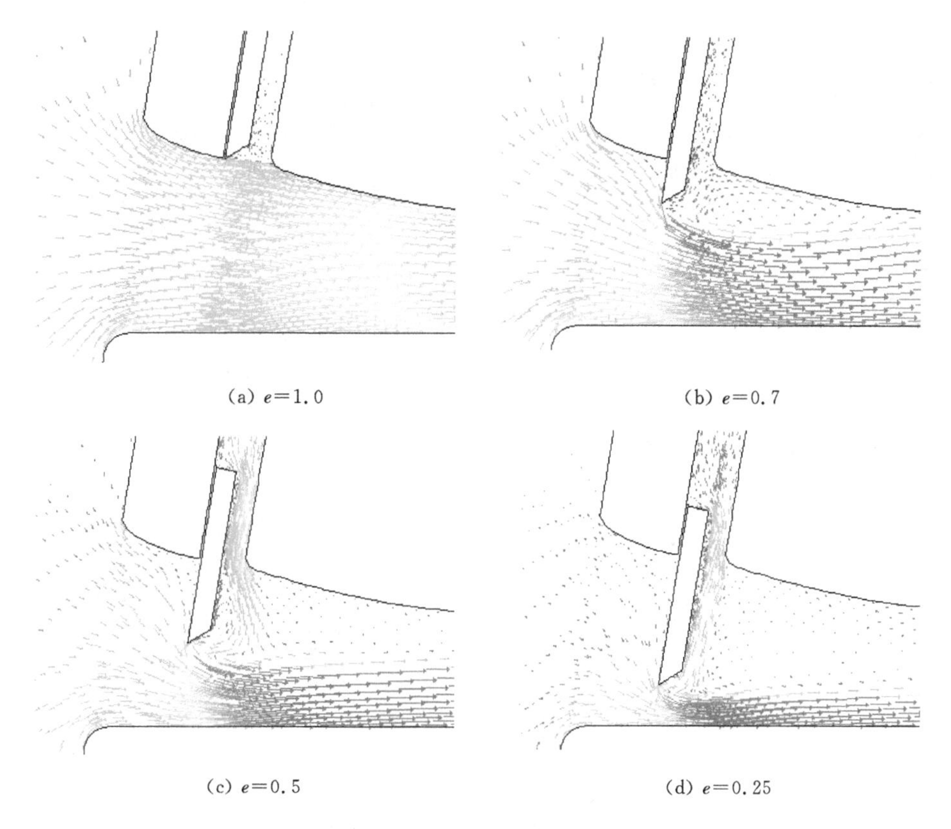

图 3.11 闸门动水闭门过程中闸门区流场分布（H=106m）

3.4.2.2 闸门门体压力分布

图 3.12 给出了不同闸门开度下闸门区的压力分布。该闸门为上游面板止水方式，随着闸门的关闭，闸门上游面板阻水区域的压力急剧增大，上游面板位于门井区域部位的压力则呈降低趋势；在闸门底缘为下游倾角布置型式下，当闸门开度大于 0.7 时，闸门底缘及门顶压力均呈正压分布，闸后回流旋涡对底缘的压力影响较小；当闸门关闭至 0.7 开度以下时，闸门底缘压力开始呈较强的负压分布特征，此阶段门后水流处于水气两相流的强烈交替转换过程，在闸孔射流挠动和强烈吸气作用下，闸门下游底缘产生了较高的负压。

3.4.2.3 闸门底缘下吸力及门顶水压力计算结果的验证

在上游水头 H=106m 的计算工况下，闸门底缘及门顶平均压力的计算值与试验值比较见图 3.13，从对比结果可以看出，计算得到的闸门底缘及门顶压力随闸门关闭的变化规律与试验结果基本一致；不同闸门开度下闸门门顶压力计算值与模型值的偏差在 10%以内，闸门底缘压力计算值与试验值的偏差小于 18%，底缘最小压力（下吸力）发生的闸门开度相位偏差约为 0.06 开

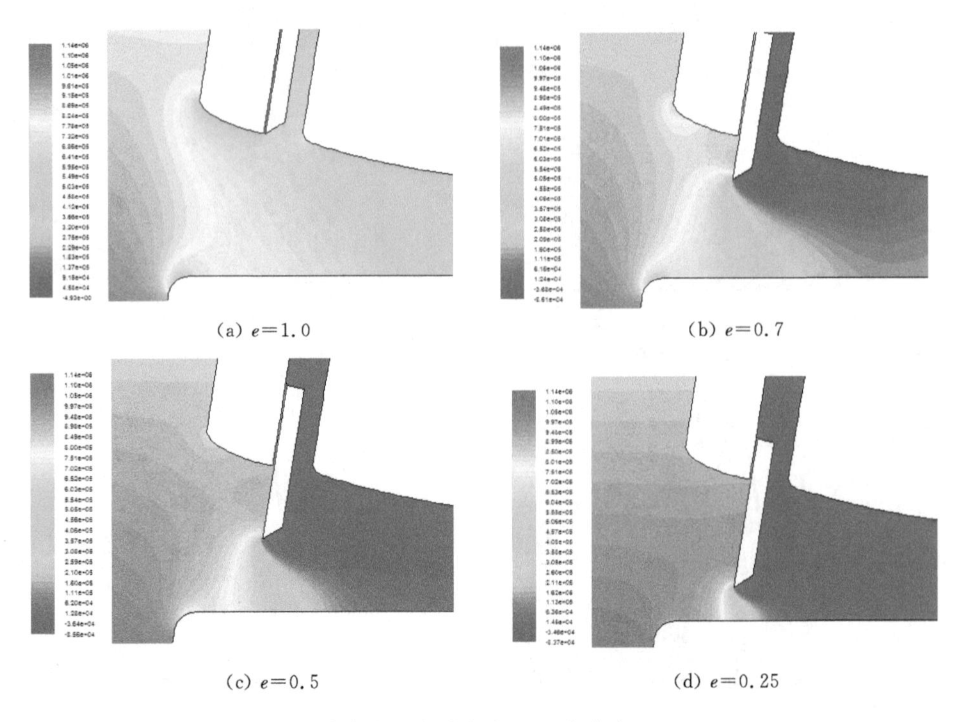

(a) $e=1.0$　　(b) $e=0.7$

(c) $e=0.5$　　(d) $e=0.25$

图 3.12　闸门闭门过程中闸门区压力分布（$H=106$m）

度。对比结果表明，数值模拟得到的闸门门体水力荷载的变化规律及量值与物理模型试验也基本吻合。

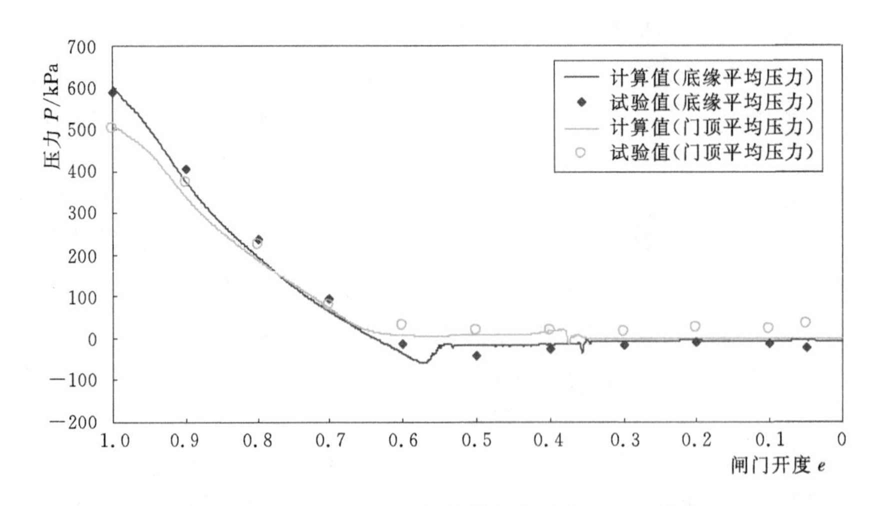

图 3.13　闸门底缘及门顶平均压力计算值与实验值的对比曲线（$H=106$m）

3.5 小结

本章根据高水头平面闸门动水关闭水流的特点，研究了适合闸门动水关闭两相流的数值模拟方法，结合 Mica 电站进水口和小湾泄洪底孔两个典型事故闸门的实验结果，论证了计算结果的精度及数值模拟方法的可行性。

(1) 提出了适合高水头平面闸门动水关闭两相流的数值模拟方法。采用 RNG$k-\varepsilon$ 紊流模型模拟闸门区的弯曲绕流和分离形水流，选取 VOF 方法处理闸后水气两相分层流动，采用“域动网格”和动态分层的网格适应技术模拟闸门的边界运动，能较好地模拟闸门动水关闭的复杂水流流场特征，模型参数及动边界适应技术能保证计算的精度。

(2) 数值计算结果和实验结果吻合良好，且数值模拟结果具有足够的精度，能够满足工程设计的需求。两个典型底缘型式事故闸门动水关闭的数值模拟结果均表明，闸门区明满流转换特征与模型试验相符，闸门底缘上托压力(下吸压力)、门顶水柱压力的变化规律与模型试验结果均基本一致，门顶水柱压力及最小上托压力计算值与模型试验值的偏差在 6%～10%，闸门下游底缘下吸压力计算值与模型试验值的偏差小于 18%。

(3) 揭示了两种典型布置闸门流场分布、底缘压力分布及变化规律。随着闸门的关闭，过闸水流均呈典型的绕流流场分布特征。闸门底缘及孔口主流区呈大压力梯度变化。对于上游底缘型式闸门，由于底缘产生的脱流和水流分离涡现象，底缘前部压力明显降低，压力沿底缘呈逆压梯度分布。对于下游底缘型式闸门，在闸后水气两相流的强烈交替转换过程中及闸孔射流挠动和强烈吸气作用下，闸门底缘呈较强的负压分布特征并形成较大的下吸力。

第 4 章　闸门上托力特性的数值模拟研究

第 2 章采用水动力实验方法，结合 Mica 电站进水口事故闸门研究了上游底缘型式闸门的水动力特性，发现闸门底缘上托力呈复杂的时空变化特性，且底缘倾角显著影响闸门的上托力，但受实验条件、周期等限制，上述研究成果还不能完全反映上游底缘体型（倾角及厚度等）及水头等对闸门上托力的影响。本章采用第 3 章提出的闸门动水闭门水流的数值模拟方法，系统深入地研究了底缘体型（上游底缘倾角及厚度）和水力参数（水头及闸门启闭速度）对闸门上托力特性的影响规律。

4.1　平面闸门上游底缘的上托力及上托力系数

根据理论分析，影响闸门上托压力 P_D 的参变量主要有闸门上游底缘倾角 α_1、底缘厚度 D、上游水头 H、闸门开度 e、流速 V、水流密度 ρ、黏滞系数 μ 和启闭速度 V_t 等（图 4.1），其中闸门上游底缘倾角 α_1 的大小直接影响闸门过流流线和底缘压力，底缘厚度 D 也与类似“压坡”阻水效应相关，两者是底缘上托力的主要体型影响因子。上游水头 H 的大小决定闸门的过流流速，而启闭速度 V_t 影响闸门水流的惯性作用，是关系闸门水动力特性的主要水力及运行参数。

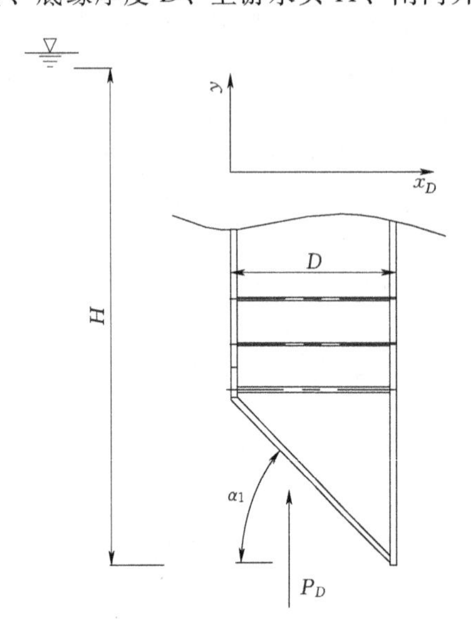

图 4.1　闸门上游底缘体型及水力参数

规范采用上托力系数 β_t 来评价上游水头对闸门底缘上托力的影响，它表征闸门底缘上托压力水柱和上游水头的比值，表达式为

$$\beta_t = \frac{P_D/\gamma}{H} \tag{4.1}$$

式中：P_D 为底缘平均压力；γ 为水的容重；H 为闸门上游水头。

4.2 计算工况参数的选取

从影响闸门上托力的主要体型和水力因素出发，对 α_1、D、H 和 V_t 进行参数组合后计算分析闸门上托力特性，计算参数的取值如下：

（1）上游底缘倾角 α_1：15°、22.5°、30°、37.5°、45°、52.5°和60°。

（2）上游底缘厚度 D：1.10m、0.84m、0.56m、0.34m、0.21m和0.11m。

（3）闸门上游水头 H：30m、50m、71.5m、100m、120m和150m。

（4）闸门关闭速度 V_t：3.0m/min、4.6m/min、6.1m/min和7.3m/min。

4.3 上游底缘倾角对闸门上托力的影响

为研究底缘倾角大小对闸门上托力的影响规律，本节选定不同倾角的上游底缘体型，对闸门底缘上托力特性进行计算分析。

4.3.1 计算组合工况

不同倾角的上游底缘闸门体型的计算工况见表4.1。计算选取的上游底缘倾角 α_1 分别为15°、22.5°、30°、37.5°、45°、52.5°和60°，其他典型闸门体型和水力参数为：上游底缘厚度 $D=1.10$m，闸门上游水头 $H=50$m、71.5m、100m、120m、150m，闸门关闭速度 $V_t=6.1$m/min，闸门下游流道出口为自由泄流条件。

表4.1　不同倾角的上游底缘闸门体型的计算工况

工况编号	上游底缘倾角 α_1/(°)	闸门上游水头 H/m	上游底缘厚度 D/m	闸门关闭速度 V_t/(m/min)
1	15	71.5	1.10	6.1
2	22.5	71.5、100	1.10	6.1
3	30	50、71.5、100、120、150	1.10	6.1
4	37.5	50、71.5、100、150	1.10	6.1
5	45	50、71.5、100、120、150	1.10	6.1
6	52.5	50、71.5、100、150	1.10	6.1
7	60	50、71.5、100、120、150	1.10	6.1

4.3.2 不同倾角的上游底缘体型闸门上托压力特性

上游底缘倾角 α_1 分别为15°、22.5°、30°、37.5°、45°、52.5°和60°时，

在相同的水头、底缘厚度及关闭速度条件下，闸门底缘附近压力分布见图4.2；上游水头H分别为71.5m和100m时，不同上游底缘倾角下闸门底缘平均压力随闸门开度的变化曲线见图4.3。从图4.3可以看出，在闸门动水关闭过程中，当闸门开度大于0.9时，底缘上托压力随倾角变化的趋势不明显，当闸门开度小于0.9后，相同闸门开度下底缘压力均呈随倾角减小而降低的变化规律，且当闸门关闭至0.5开度附近时底缘压力的降低幅度最大。

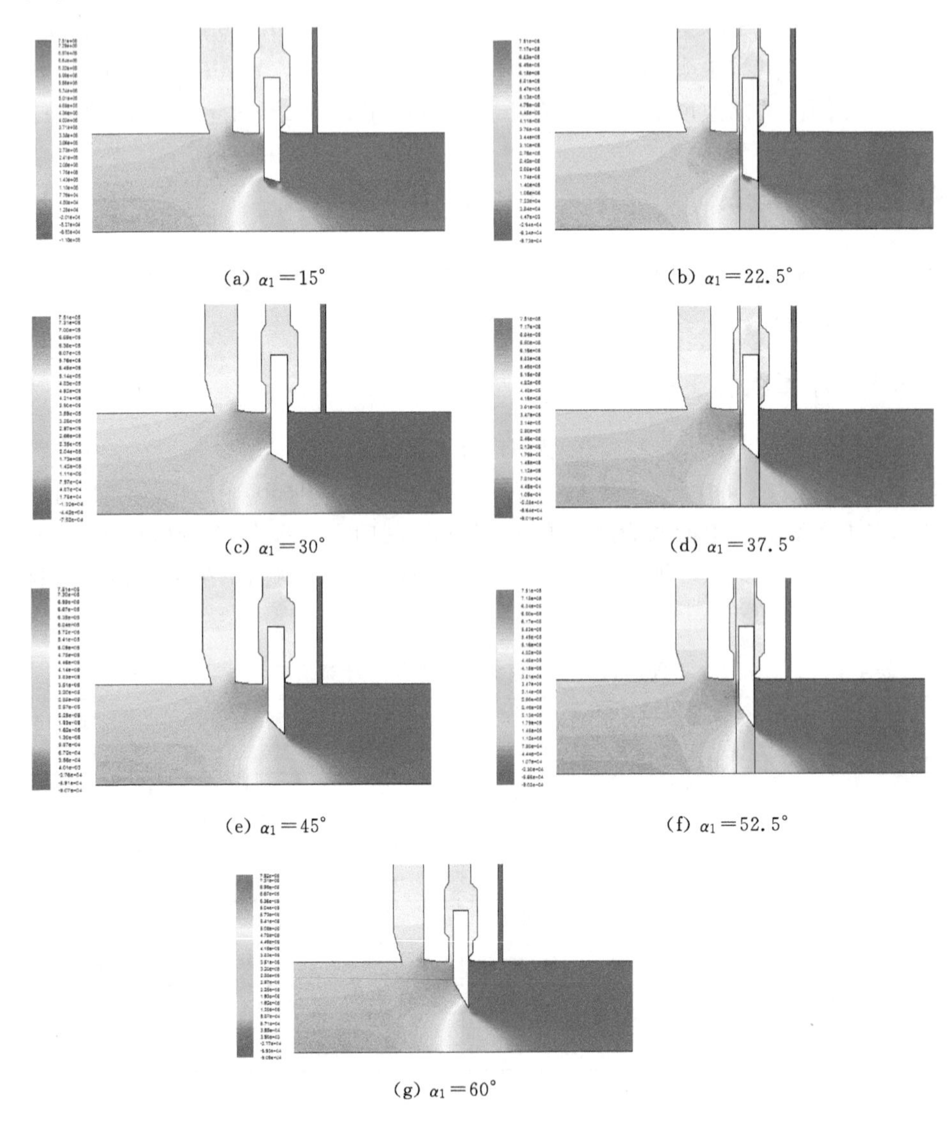

(a) $\alpha_1=15°$　(b) $\alpha_1=22.5°$

(c) $\alpha_1=30°$　(d) $\alpha_1=37.5°$

(e) $\alpha_1=45°$　(f) $\alpha_1=52.5°$

(g) $\alpha_1=60°$

图4.2　不同上游底缘倾角下闸门区压力分布（$H=71.5$m，$D=1.10$m）

在闸门开度为0.5附近，不同上游底缘倾角下闸门底缘压力特征值$P_{D\min}$

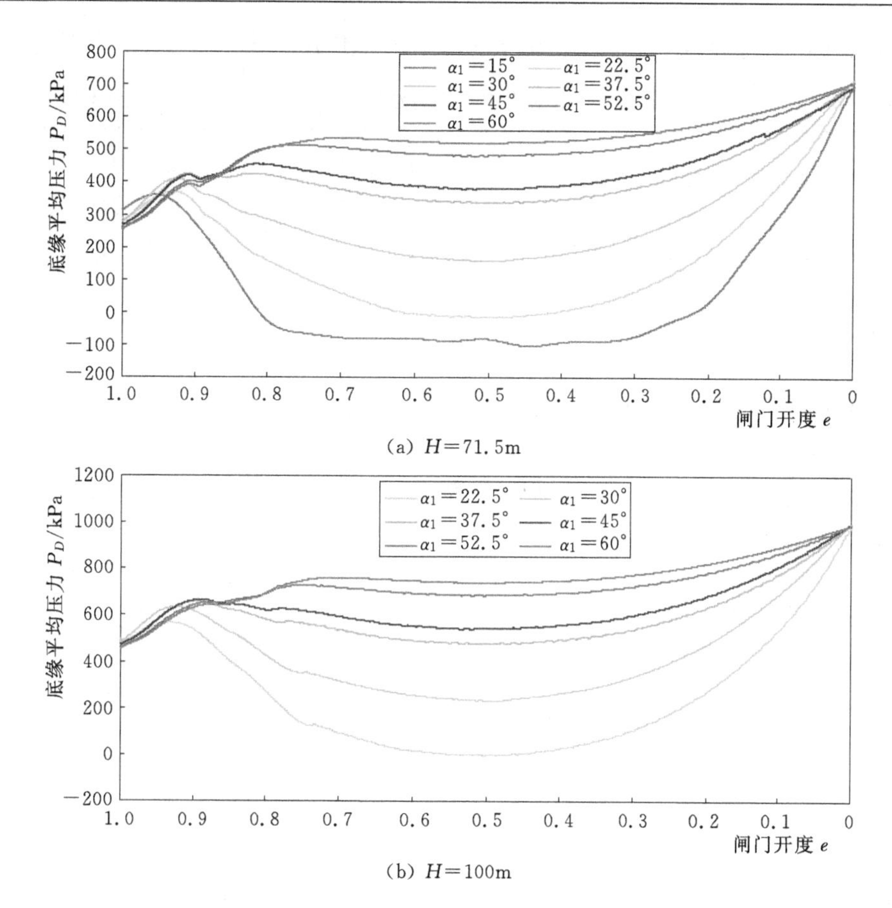

(a) $H=71.5$m

(b) $H=100$m

图 4.3 不同上游底缘倾角下闸门底缘平均压力随闸门开度的变化曲线（$D=1.10$m）

见表 4.2，从统计结果可以看出：

（1）闸门上游底缘倾角较大（$\alpha_1=30°$、37.5°、45°、52.5°、60°）时，在相同上游水头（$H=71.5$m）和上游底缘厚度（$D=1.10$m）的条件下，闸门底缘均为正压，闸门开度为 0.5 时底缘平均压力高于 106.1kPa；当闸门倾角 α_1 减小为 22.5°时，闸门底缘压力开始出现负压，最大平均负压为－15.4kPa，表明底缘水流发生分离并导致出现负压，作用在底缘的上托力开始转变为下吸力；当闸门倾角 α_1 减小至 15°时，闸门底缘负压急剧增大，最大负压达－97.3kPa，底缘脱流及分离程度明显增强，闸底呈强烈的下吸力特征。

（2）上游水头 H 从 71.5m 升高至 100m 时，闸门底缘上托力同样呈随闸门倾角减小而降低的变化规律。当倾角 α_1 小于 30°后，在闸门开度为 0.5 附近底缘上托力也均转变为下吸力。

从计算分析结果来看，闸门上游底缘倾角越小，水流脱离闸门底缘发生分离的趋势越强，在闸门上游底缘厚度为 1.10m、上游水头为 71.5m 和 100m 条件下，上游底缘倾角小于30°后闸底出现负压，底缘压力从上托力转变为下吸力。

表 4.2　不同上游底缘倾角下闸门底缘压力特征值 P_{Dmin} (D=1.10m，e=0.5)

α_1/(°)	15	22.5	30	37.5	45	52.5	60
H=71.5m	−97.3	−15.4	153.0	302.3	377.4	480.0	518.3
H=100m	—	−10.9	228.5	441.5	538.2	683.1	736.9

4.3.3　闸门上托力系数

4.3.3.1　不同上游底缘倾角下闸门的上托力系数

上游底缘倾角 α_1 分别为 15°、22.5°、30°、37.5°、45°、52.5°和 60°时，在闸门上游水头 H=100m、上游底缘厚度 D=1.10m 条件下，闸门底缘上托力系数 β_t 随闸门开度的变化曲线见图 4.4。

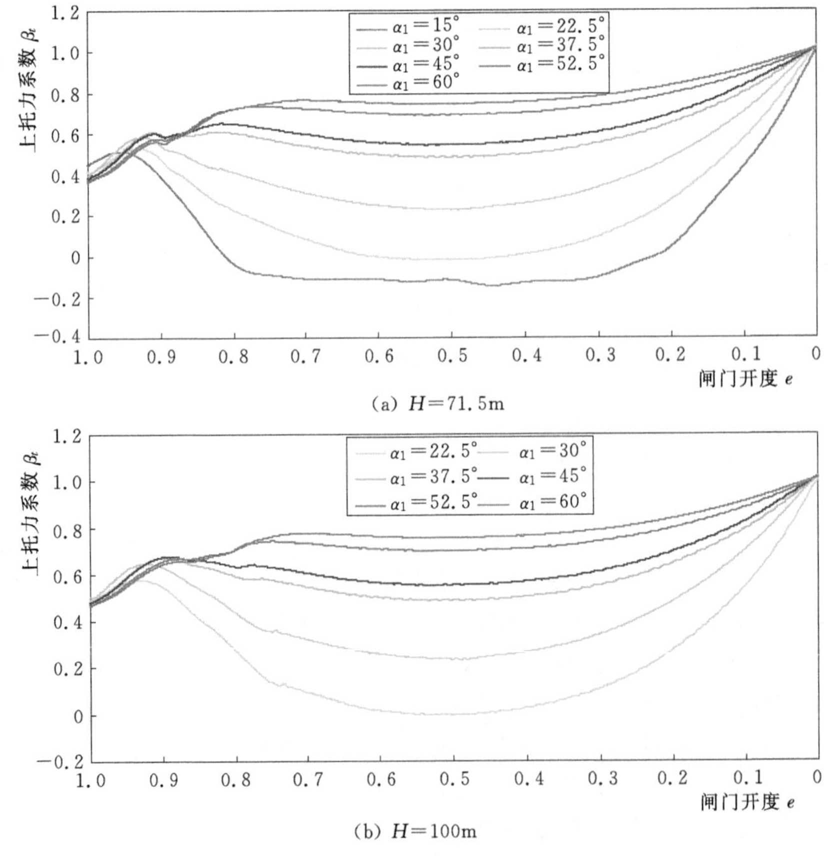

(a) H=71.5m

(b) H=100m

图 4.4　不同上游底缘倾角下闸门底缘上托力系数随闸门开度的变化曲线 (D=1.10m)

从闸门底缘上托力系数变化曲线可以看出，上托力系数随闸门开度的变化规律与底缘压力变化趋势一致。当闸门关闭至0.9～0.0开度之间时，闸门上托力系数随上游底缘倾角的减小而大幅降低，底缘倾角对上托力系数的影响显著，且当闸门关闭至0.5开度附近时，底缘上托力系数的降低幅度最大。

在H=71.5m、100m条件下，闸门开度在0.5附近，不同上游底缘倾角下闸门底缘上托力系数特征值β_{tmin}统计见表4.3。当底缘倾角从60°减小为15°时，闸门最小上托力系数从0.75逐步降低至－0.14。

表4.3　不同上游底缘倾角下闸门底缘上托力系数特征值β_{tmin}（D=1.10m，e=0.5）

α_1/(°)	15	22.5	30	37.5	45	52.5	60
H=71.5m	－0.14	－0.02	0.22	0.43	0.54	0.68	0.74
H=100m	—	－0.01	0.23	0.45	0.55	0.70	0.75

在H=71.5m、100m两种水头条件下，相同上游底缘倾角型式下闸门最小上托力系数β_{tmin}的差别不大，且β_{tmin}与底缘倾角α_1总体符合线性增长的规律（图4.5）。在上游底缘厚度为1.10m的条件下，底缘倾角在15°～60°之间时，闸门最小上托力系数β_{tmin}与倾角α_1变化曲线可拟合为

$$\beta_{tmin}=0.0211\alpha_1-0.4584 \tag{4.2}$$

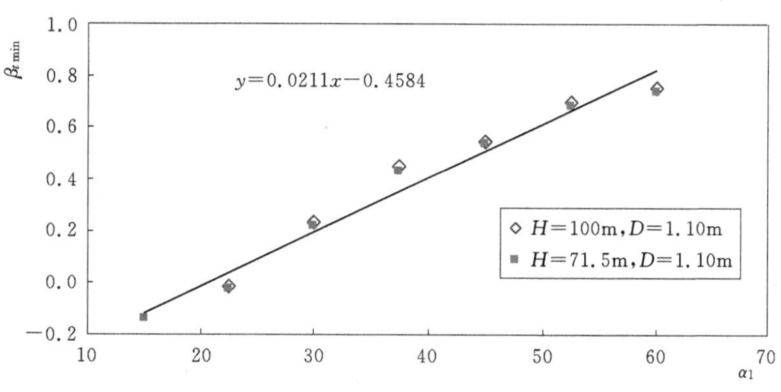

图4.5　闸门底缘最小上托力系数β_{tmin}与上游底缘倾角α_1的拟合曲线（e=0.5，D=1.10m）

4.3.3.2　闸门动水关闭全程中底缘上托力系数的变化规律

上托力系数为闸门底缘压力水头和上游水头的比值，但并不代表闸门动水关闭过程中上托力系数与闸门水头大小无关。为揭示上托力系数随闸门水头及闸门开度的变化关系，本书对上游水头H分别为50m、71.5m、100m、120m和150m，在典型倾角α_1分别为30°、37.5°、45°、52.5°、60°和上游底缘厚度

$D=1.10\text{m}$ 的条件下，计算得到闸门底缘上托力系数随闸门开度的变化曲线，见图 4.6。从图 4.6 可以看出：

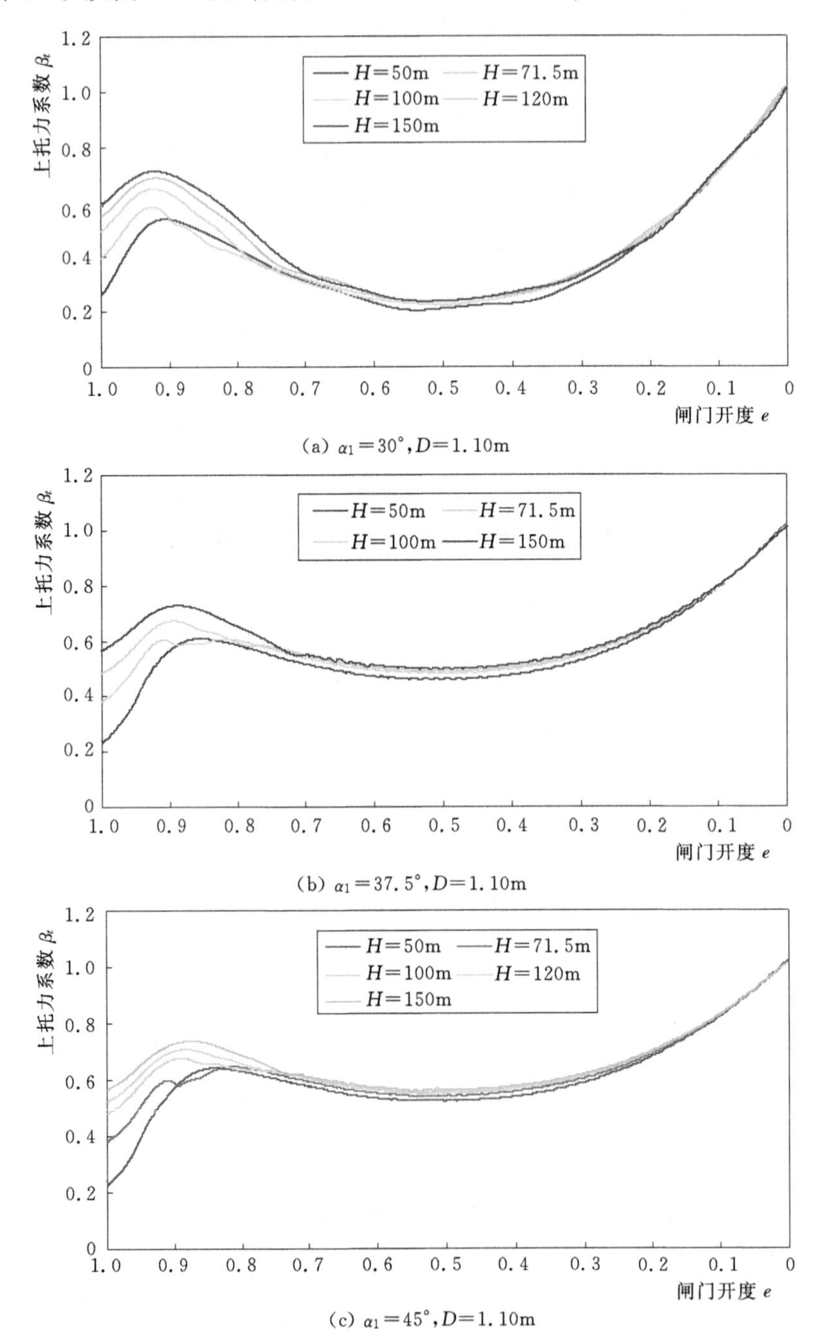

(a) $\alpha_1=30°, D=1.10\text{m}$

(b) $\alpha_1=37.5°, D=1.10\text{m}$

(c) $\alpha_1=45°, D=1.10\text{m}$

图 4.6（一）　不同上游水头下闸门底缘上托力系数随闸门开度的变化曲线（$D=1.10\text{m}$）

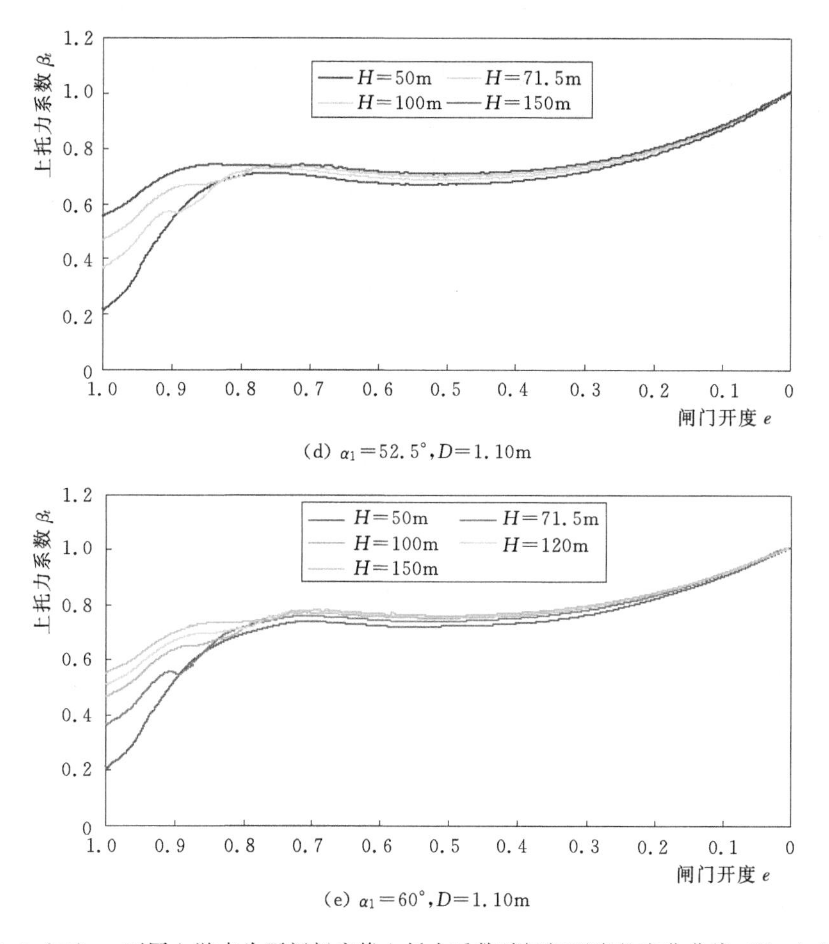

图 4.6（二） 不同上游水头下闸门底缘上托力系数随闸门开度的变化曲线（D=1.10m）

（1）在闸门动水关闭的初期（闸门开度大于 0.85），闸门的上托力系数呈随水头升高而显著增大的趋势。当闸门全开（e=1.0）时，闸门上托力系数随水头升高而增大的幅度最大，上游水头 H 从 50m 升高至 150m 时，不同倾角闸门的上托力系数约从 0.23 增大至 0.56（e=1.0）；随着闸门从全开关闭至 0.85 开度附近，闸门上托力系数随水头的增大幅度才逐渐减小。闸门开度在 1.0～0.85 区间时，闸门区为满流流态，闸门上游底缘还没有完全脱离门井和门楣孔口，底缘上部还受门井水体的旋滚顶托作用，因此闸门上托力系数还随上游水头、过闸流速、底缘型式及门楣边界等多个因素的影响而变化。

（2）在闸门开度小于 0.85 后闸后转变为明流状态下，计算得到相同闸门开度下底缘上托力系数随水头的变化幅度就很小，说明只有在闸门控泄的明流流态下，既定闸门体型的上托力才主要受上游水头的影响，上托力系数才能反映闸门上托力随水头的增长程度，即可以采用上托力系数分析闸门底缘的上托力特性。

（3）在闸门门后为明流状态下（闸门从 0.85 开度至完全关闭的过程中），不同上游底缘倾角型式下闸门的上托力系数随闸门开度呈先降低后增大的变化规律。闸门关闭至 0.5 开度附近时的上托力系数特征值 $\beta_{t\min}$ 统计见表 4.4，上游水头 H 在 50～150m 的范围内变化，相同上游底缘倾角下闸门的上托力系数基本接近；当底缘倾角从 30°增大至 60°时，闸门开度为 0.5 时的上托力系数约从 0.21 增大至 0.76；当闸门接近完全关闭时，底缘压力趋近上游压力水头值，上托力系数均接近 1.0。

表 4.4　不同水头下闸门底缘上托力系数特征值 $\beta_{t\min}$ （e=0.5）

上游底缘厚度 D/m		1.10				
上游水头 H/m		50	71.5	100	120	150
$\alpha_1=30°$	$P_{D\min}$/kPa	102.3	153.0	232.6	279.1	358.4
	$\beta_{t\min}$	0.21	0.22	0.23	0.23	0.24
$\alpha_1=37.5°$	$P_{D\min}$/kPa	224.2	302.0	475.7	—	728.7
	$\beta_{t\min}$	0.46	0.43	0.48	—	0.50
$\alpha_1=45°$	$P_{D\min}$/kPa	256.4	377.4	538.2	651.8	821.4
	$\beta_{t\min}$	0.52	0.54	0.55	0.55	0.56
$\alpha_1=52.5°$	$P_{D\min}$/kPa	327.2	480.0	683.1	—	1039.6
	$\beta_{t\min}$	0.67	0.68	0.70	—	0.71
$\alpha_1=60°$	$P_{D\min}$/kPa	353.9	518.2	736.9	890.1	1112.6
	$\beta_{t\min}$	0.72	0.74	0.75	0.76	0.76

4.4　上游底缘厚度对闸门上托力特性的影响

从某些工程闸门的研究成果发现，当上游底缘倾角按规范选取较大值（不小于 45°）时，在高水头条件下闸底仍然会出现下吸力。从影响闸门底缘压力特性的体型因素分析，除闸门阻水倾角外，上游底缘厚度 D 也是影响闸门上托力的重要体型因素。本节选取典型上游底缘闸门型式，计算分析闸门上托压力随上游底缘厚度的变化规律。

不同上游底缘厚度条件下闸门的计算工况见表 4.5，计算选取的闸门上游底缘厚度 D 分别为 1.10m、0.84m、0.56m、0.34m、0.21m 和 0.11m，以典型底缘倾角分别为 30°、37.5°、45°、52.5°、60°和上游水头 H=100m 条件进行组合计算分析。

表 4.5　　不同上游底缘厚度下闸门的计算工况

工况编号	上游底缘倾角 α_1/(°)	上游底缘厚度 D/m	上游水头 H/m	闸门关闭速度 V_t/(m/min)
1	30	1.10、0.84、0.56、0.42	100	6.1
2	37.5	1.10、0.84、0.56、0.34、0.21	100	6.1
3	45	1.10、0.84、0.56、0.42、0.34、0.21、0.11	100	6.1
4	52.5	1.10、0.56、0.34、0.21、0.11	100	6.1
5	60	1.10、0.84、0.56、0.34、0.21、0.11	100	6.1

4.4.1　不同上游底缘厚度下闸门底缘上托压力特性

不同上游底缘厚度下典型闸门（上游倾角 45°）动水闭门时闸门区压力分布见图 4.7，闸门底缘平均压力随闸门开度的变化曲线见图 4.8。从图 4.8 可以看出，闸门水头及底缘倾角相同时，随着上游底缘厚度的减小，闸底平均上托压力随之降低。当闸门关闭至 0.5 开度附近时，闸门底缘的压力降低幅度最大。

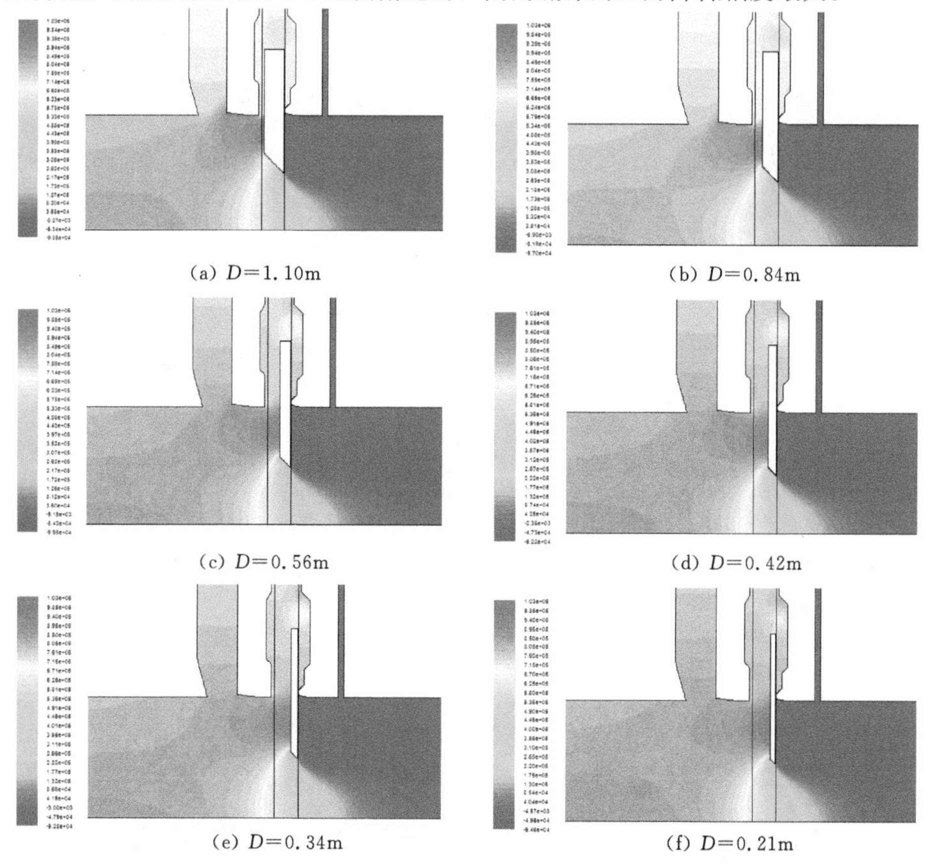

(a) D=1.10m　(b) D=0.84m　(c) D=0.56m　(d) D=0.42m　(e) D=0.34m　(f) D=0.21m

图 4.7　不同上游底缘厚度下闸门区压力分布（$\alpha_1=45°$，$e=0.5$，$H=100$m）

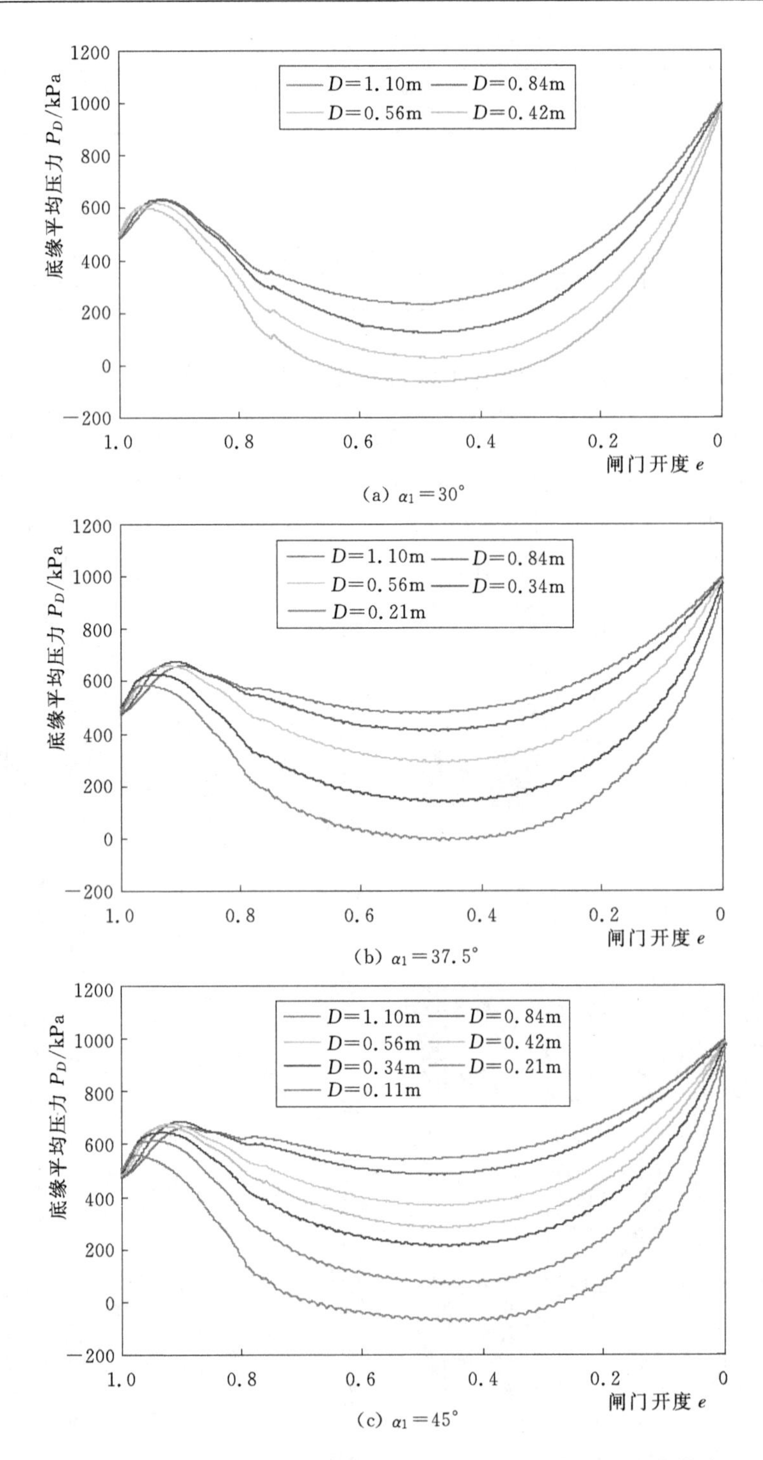

图 4.8（一）　不同上游底缘厚度下闸门底缘平均压力随闸门开度的变化曲线（H=100m）

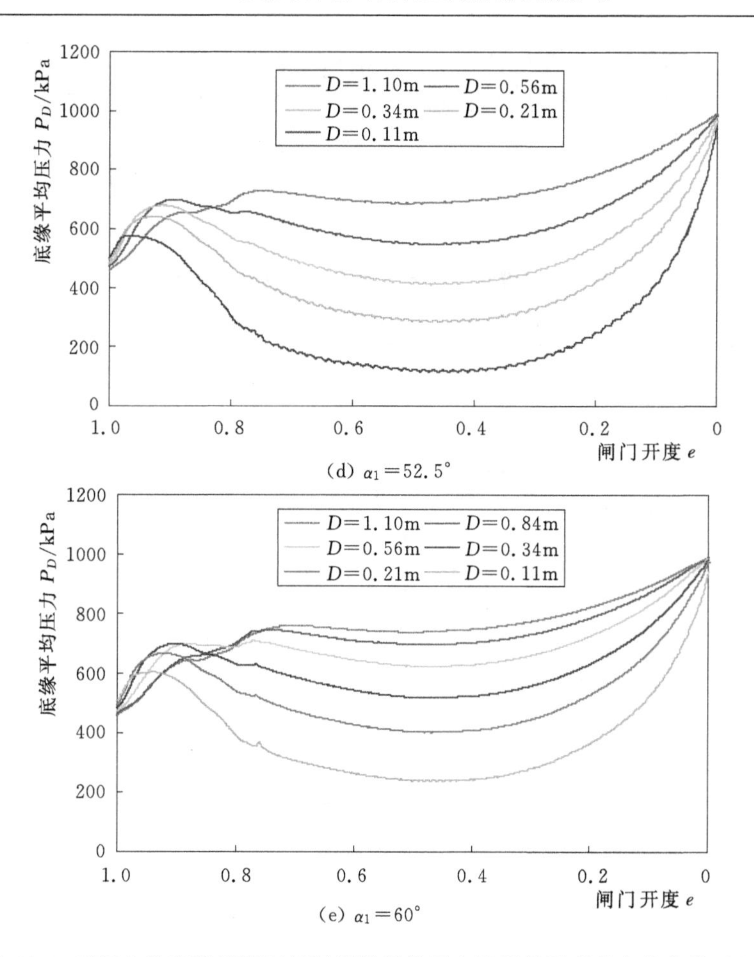

(d) $\alpha_1=52.5°$

(e) $\alpha_1=60°$

图 4.8（二）　不同上游底缘厚度下闸门底缘平均压力随闸门开度的变化曲线（H=100m）

闸门开度在 0.5 附近，不同上游底缘厚度下底缘压力沿程分布见图 4.9，闸门底缘平均上托压力特征值的统计结果见表 4.6。底缘压力随底缘厚度的变化规律为：当底缘倾角一定时，闸底压力随上游底缘厚度的减小而降低，当上游底缘厚度减小至一定程度时，计算发现闸底压力会降至负压，闸门的上托力随之转变为下吸力。

（1）当底缘倾角 α_1 较小为 30°，底缘厚度从 1.1m 减小为 0.56m 时，底缘最小压力从 228.5kPa 大幅度减小为 25.1kPa；当底缘厚度继续降低为 0.42m 时，底缘最小压力就降低为较大的负压（约－66.0kPa），作用在底缘上的压力已从上托力转变为下吸力。

（2）当底缘倾角 α_1 从 30°增大为 37.5°和 45°时，相同底缘厚度条件下闸底压力相对增大，且随着底缘厚度 D 的减小，闸底压力的降低幅度开始减缓；当底缘厚度 D 分别减小至 0.21m 和 0.11m 时，闸底最小压力也均降低为负压。

（3）当底缘倾角 α_1 较大为52.5°和60°时，闸底压力随底缘厚度减小的降低趋势进一步减弱，底缘厚度很小为0.11m时，计算的底缘平均压力还均为正压，底缘呈上托力特征。

计算结果表明，除底缘倾角外，上游底缘厚度对底缘压力的影响也很大，是闸门设计选型时需综合考虑的体型因素之一。

表4.6　不同底缘厚度下闸底压力 P_{Dmin} 及上托力系数特征值 β_{tmin}（$e=0.5$，$H=100$m）

上游底缘厚度 D/m		1.10	0.84	0.56	0.42	0.34	0.21	0.11
$\alpha_1=30°$	P_{Dmin}/kPa	228.5	122.2	25.1	−66.0	—	—	—
	β_{tmin}	0.33	0.17	0.04	−0.09	—	—	—
$\alpha_1=37.5°$	P_{Dmin}/kPa	475.7	408.4	286.8	—	136.5	−9.2	—
	β_{tmin}	0.48	0.42	0.29	—	0.14	−0.01	—
$\alpha_1=45°$	P_{Dmin}/kPa	538.2	481.7	362.8	279.6	208.0	66.5	−56.2
	β_{tmin}	0.55	0.49	0.37	0.29	0.21	0.07	−0.06
$\alpha_1=52.5°$	P_{Dmin}/kPa	683.1	—	545.8	—	409.2	282.8	113.1
	β_{tmin}	0.70	—	0.56	—	0.42	0.29	0.12
$\alpha_1=60°$	P_{Dmin}/kPa	722.1	695.5	—	621.8	481.6	400.6	237.4
	β_{tmin}	0.74	0.71	—	0.63	0.49	0.41	0.24

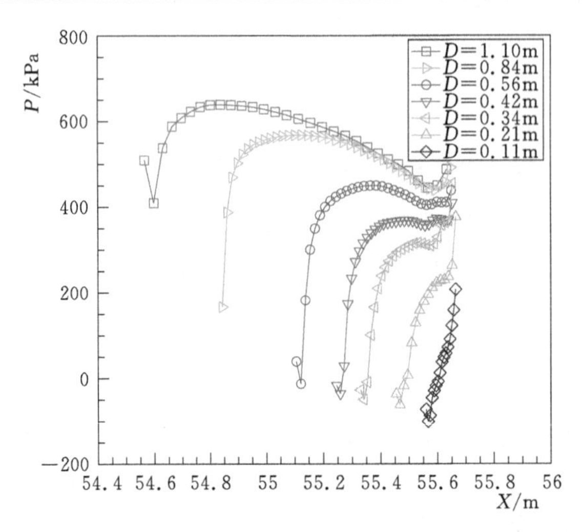

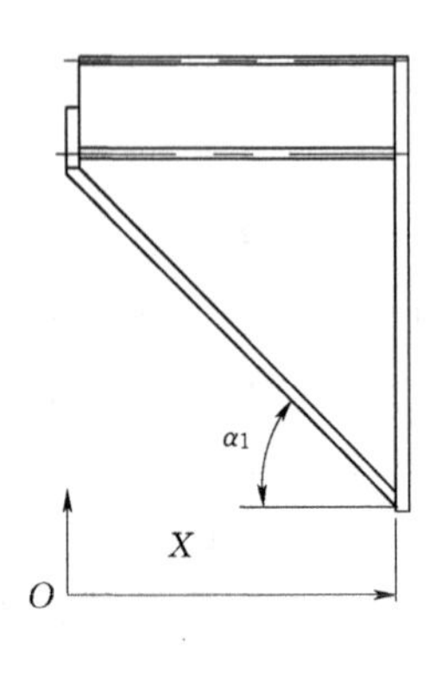

图4.9　不同底缘厚度下底缘压力沿水流方向分布（$\alpha_1=45°$，$H=100$m）

4.4.2　上游底缘厚度对上托力系数的影响

为进一步分析上游底缘厚度与闸门上托力系数的影响关系，计算得到不同底缘倾角下闸门最小上托力系数 β_{tmin} 随底缘厚度 D 的变化曲线见图 4.10。从图 4.10 可以看出，闸门上游底缘厚度越小，不同底缘型式的闸门最小上托力系数均随之降低。按最小上托力系数 $\beta_{tmin}=0$ 来表征闸门底缘上托力转化为下吸力的临界点。

（1）底缘倾角 α_1 分别为 30°、37.5°和 45°，当底缘厚度 D 分别小于 0.52m、0.23m 和 0.18m 时，底缘最小上托力系数 $\beta_{tmin}<0$，作用在闸门底缘的上托力开始转变为下吸力。

（2）底缘倾角 α_1 较大（为 52.5°和 60°）时，在底缘厚度 D 大于 0.11m 的计算范围内，底缘压力还均为上托力。实际工程中平面闸门上游底缘厚度一般大于 0.1m，故这里不再对底缘厚度更小的情况进行计算分析。

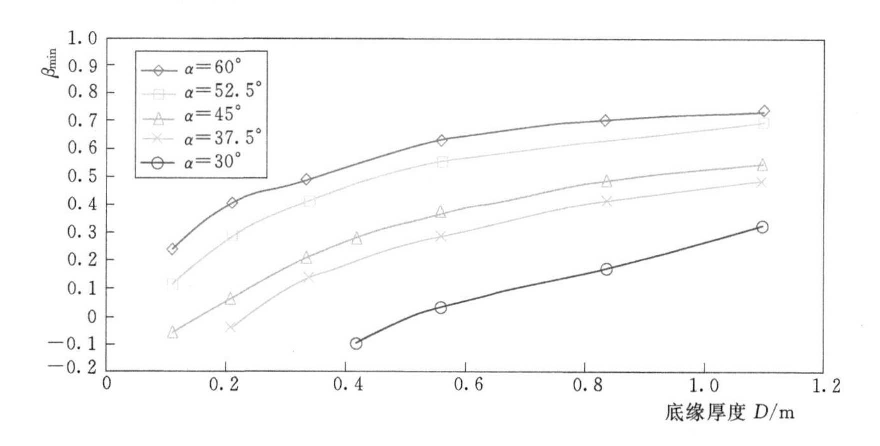

图 4.10　不同底缘倾角下闸门最小上托力系数 β_{tmin} 随底缘厚度 D 的变化曲线（$e=0.5$）

结合 4.3 节研究结果，表明闸门门体上托力会受到底缘倾角及厚度的双重影响。当上游底缘厚度过小时，还会导致闸门上游底缘出现负压，相应的闸门上托力系数小于零而转变为下吸力。我国水电工程钢闸门设计规范要求上游底缘倾角不小于 45°，从数值计算结果来看，当上游倾角取 45°，高水头条件下上游底缘厚度 $D>0.18$m 时，底缘才不会出现负压而呈上托力作用；当上游底缘倾角小于 45°时，要保证闸底不出现负压所要求的上游底缘厚度相应更大。因此，为避免高水头下闸门上游底缘产生负压及下吸力作用，避免水流分离产生压力波动及可能引起的闸门振动，需综合考虑上游底缘倾角和厚度的影响，本书在系列底缘倾角和厚度组合条件下给出的闸门最小上托力系数的变化关系曲线（图 4.10），可供工程中平面闸门上游底缘体型设计参考。

4.5　高水头下闸门上游底缘头部的压力分布特性

前文研究了上游底缘倾角及厚度对闸门上托力的影响，但在高水头和大流速过流条件下，即使作用在闸门上游底缘的动水压力整体表现为向上的托力时，还不能保证闸门底缘头部不发生水流分离而产生较大局部负压。为研究高水头及高流速对闸门上游底缘压力分布的影响，在上游水头 H 从 30m 逐步升高至 150m 时，针对典型底缘倾角为 45°、52.5°和 60°，而底缘厚度 D 分别为 0.56m、0.21m 和 0.11m 的不利条件，计算分析闸门底缘头部的压力分布特性。不同上游水头下典型闸门底缘平均上托压力随闸门开度的变化曲线见图 4.11，从图 4.11 可知闸门关闭至 0.5 开度时底缘平均压力降低幅度最大，该开度附近闸门底缘的沿程压力分布见图 4.12，在不同上游水头条件下，闸门底缘头部均呈压力急剧降低的大逆压力梯度分布特征；上游水头越高，底缘头部压力降低幅度越大。

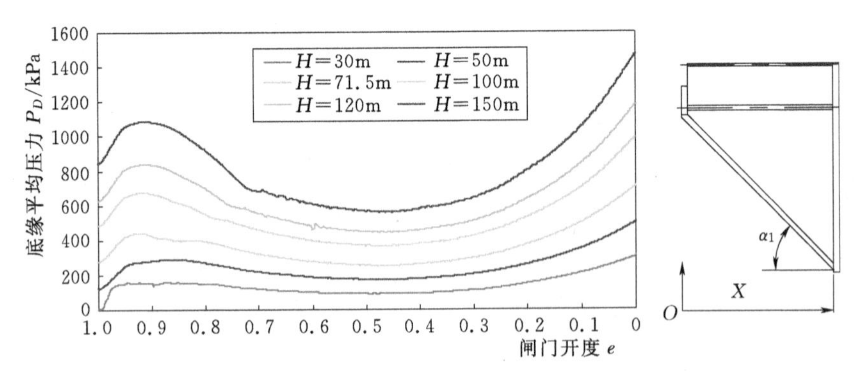

图 4.11　不同水头下闸门底缘平均压力随闸门开度的变化曲线（α_1=45°，D=0.56m）

表 4.7 统计了底缘头部最小压力随上游水头的变化值，从图表结果分析来看：

(1) 对于底缘倾角 α_1 为 45°、厚度 D 为 0.56m 的闸门体型，当上游水头低于 50m 时，底缘头部均为正压，其最小压力为 7.3kPa；当水头升高到 71.5m 时，底缘头部开始产生明显负压（最小压力为－19.2kPa）；随着水头进一步升高，底缘负压逐步增大，上游水头升至 150m 时底缘头部最大负压计算值达－88.9kPa。

(2) 底缘倾角 α_1 增大至 52.5°和 60°，闸门底缘厚度分别降低至 0.21 和 0.11m 时，在上游水头高于 70m 的高速水流条件下，闸门底缘头部均存在明显的负压区，当上游水头为 150m 时，底缘头部最大负压的计算值高达－97.0 kPa。

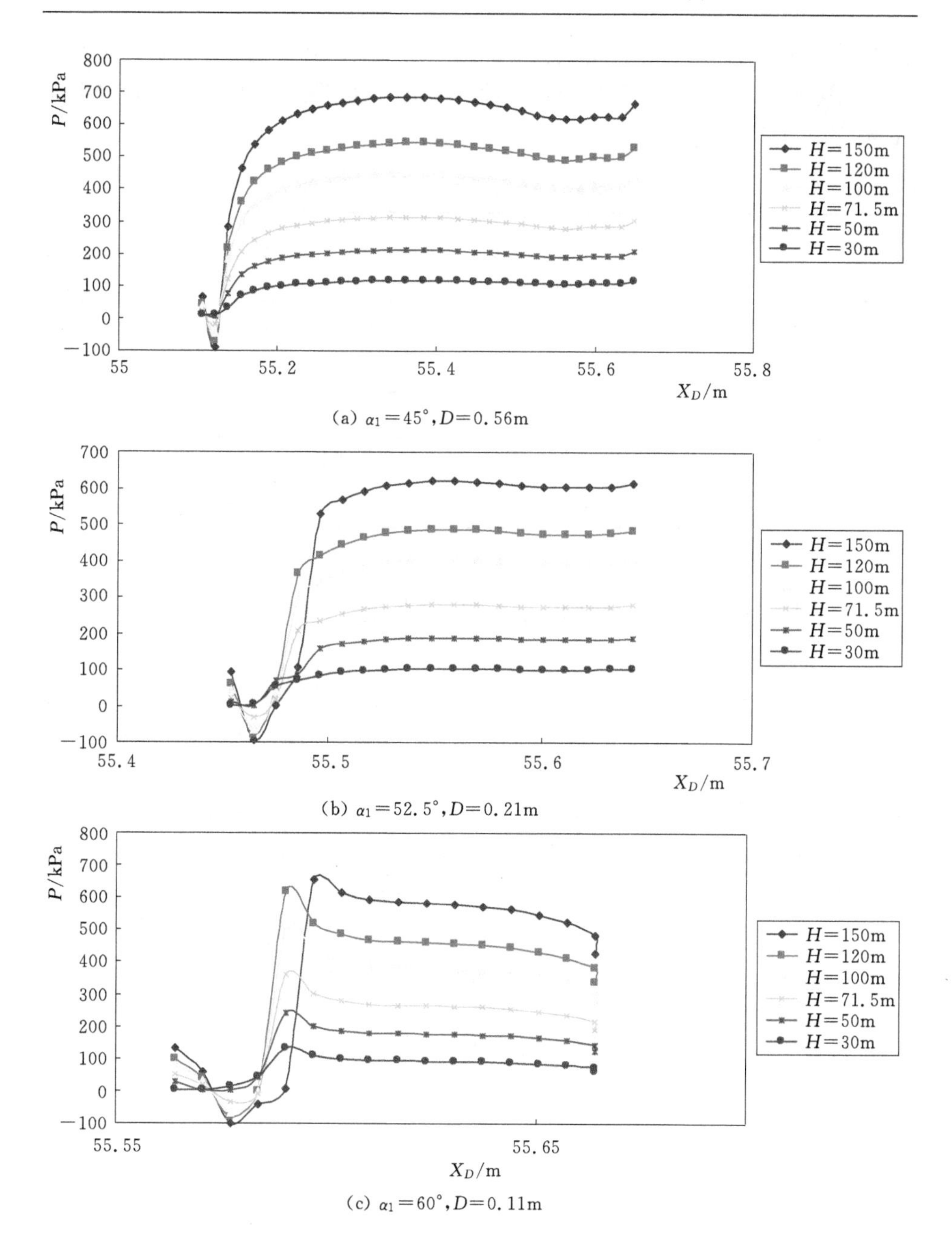

(a) $\alpha_1=45°, D=0.56m$

(b) $\alpha_1=52.5°, D=0.21m$

(c) $\alpha_1=60°, D=0.11m$

图 4.12　不同水头条件下底缘压力沿水流方向分布

从计算分析结果可知，在上游水头 $H>70m$ 的高水头运行条件下，即使闸门底缘倾角相当大（$\alpha_1=45°$、52.5°、60°），当上游底缘厚度 D 小到一定程度（分别小于 0.56m、0.21m 和 0.11m）时，闸门底缘头部仍会产生水流分离而出现较大的局部负压，由此也可能诱发闸门振动及空化问题，这种高水头及高流速对闸门上游底缘压力分布特性的影响，也需要在闸门体型设计时引起注意。

表 4.7　不同水头下闸门底缘头部最小压力值

项目	水头 H/m	30	50	71.5	100	120	150
$\alpha_1=45°$	上游底缘厚度 D/m	0.56					
	最小压力 $P_{D\min}$/kPa	14.6	7.3	−19.2	−43.6	−69.5	−88.9
$\alpha_1=52.5°$	上游底缘厚度 D/m	0.21					
	最小压力 $P_{D\min}$/kPa	13.2	8.9	−31.5	−71.4	−84.5	−93.6
$\alpha_1=60°$	上游底缘厚度 D/m	0.11					
	最小压力 $P_{D\min}$/kPa	12.8	0.8	−33.0	−66.7	−80.6	−97.0

4.6　闸门启闭速度对闸门上托力的影响

本书以底缘倾角 $\alpha_1=30°$ 的闸门为例，考虑闸门关闭速度 V_t 分别为 3.0m/min、4.6m/min、6.1m/min 和 7.3m/min 时，闸门底缘压力随闸门开度的变化曲线见图 4.13。不同关闭速度下闸门底缘压力变化趋势基本相同，相同闸门开度下其量值相差也不大，计算结果表明闸门关闭速度对底缘压力及上托力的影响较小。但闸门关闭速度越快，水流惯性作用越强，闸后明满流转换和水流吸气会更加剧烈，计算中发现通气孔的补气量随之增大（图 4.14），说明在闸后通气孔断面设计时需要注意闸门关闭速度对通气量的影响。

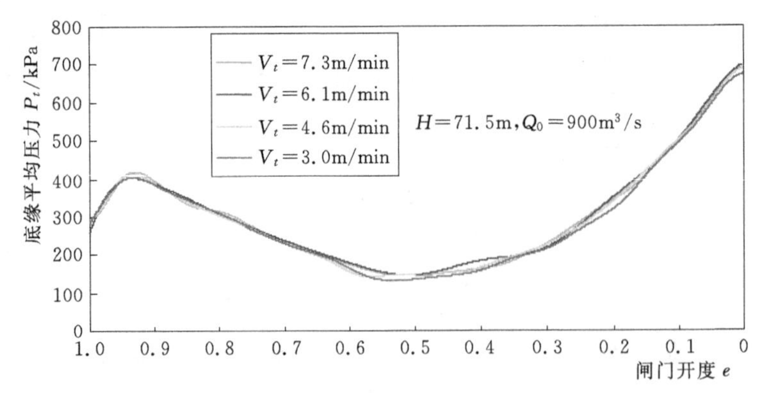

图 4.13　不同关闭速度下闸门底缘压力随闸门开度的变化曲线

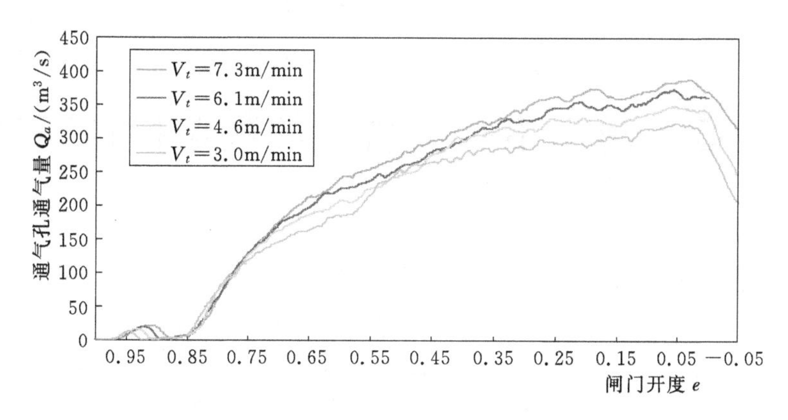

图 4.14　不同关闭速度下闸门通气孔通气量随闸门开度的变化曲线

4.7　小结

本章采用第 3 章提出的闸门动水闭门水动力数值模拟方法，系统深入地研究了上游底缘体型和水力参数对闸门上托力特性的影响规律，主要研究成果和结论如下。

（1）揭示了闸门上托力及上托力系数随上游底缘倾角的变化规律。闸底的上托力及上托力系数均随上游倾角的增大而增大，闸门动水关闭至 0.5 开度附近时上托力降低的幅度最大，最小上托力系数与上游底缘倾角基本呈线性变化的关系。

（2）揭示了闸门上托力及上托力系数受底缘厚度及倾角两个体型参数双重影响的关系。闸门最小上托力系数随底缘厚度的减小而降低，当底缘厚度降低至一定程度时闸门的上托力荷载还会转变为下吸力。闸门设计规范规定上游底缘倾角不小于 45°，以防止闸底出现负压和产生下吸力，数值模拟研究表明还需考虑上游底缘厚度对闸门上托力的影响。

（3）提出了闸门最小上托力系数随底缘倾角和厚度参数组合变化的关系，针对典型上游底缘倾角闸门体型给出了避免闸门上托力系数小于零的临界底缘厚度值，可为相关工程的闸门设计和应用提供科学依据。

（4）揭示了高水头及高流速下闸门底缘压力分布特性。闸门上游底缘头部均呈压力急剧降低的大逆压力梯度分布特征，随着水头的升高闸门底缘头部压力降低幅度增大。在高水头（H>70m）下闸门底缘头部仍容易产生水流分离而出现较大的局部负压。

（5）分析了闸门关闭速度对闸门上托力的影响。数值模拟研究表明，闸门关闭速度对底缘压力及上托力的影响较小，但需注意闸门关闭速度较快时闸后补气量增大的影响。

第 5 章　闸门下吸力特性的数值模拟研究

从第 2 章中小湾泄洪底孔闸门（下游底缘体型）动水闭门的水动力实验结果来看，闸门下游底缘的下吸力特性复杂，且底缘体型及高水头对闸门下吸力具有显著影响。本章采用第 3 章提出的闸门动水闭门的水动力数值模拟方法，深入研究了闸门下游底缘体型及上、下游水头等因素对闸门下吸力特性的影响规律。

5.1　闸门（下游倾角底缘）的下吸力及下吸力强度

对于底缘采用下游倾角的闸门体型布置见图 5.1，下游底缘的倾角影响闸后过流形态及底缘区的压力，是影响闸门下吸力 P_x 的关键体型因素。闸门上游水头 H_1、下游水头 H_2 决定闸门过流流速，下游为尾水淹没时会对闸门底缘产生顶托压力作用，本书结合上述关键体型及水力参数研究闸门底缘的下吸力特性。

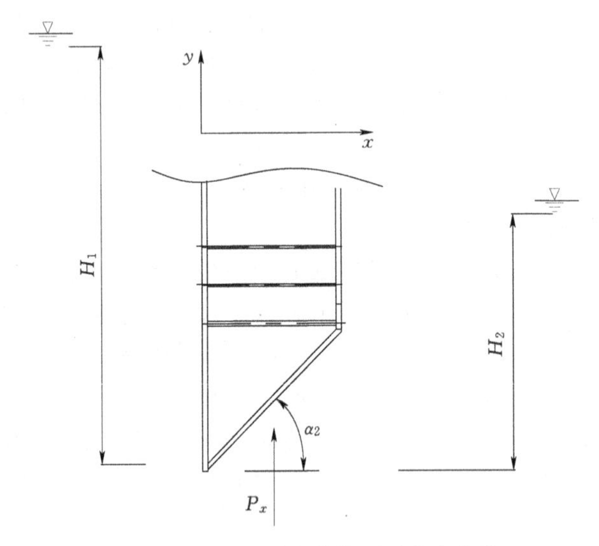

图 5.1　闸门下游底缘体型及水力参数

规范采用下吸力强度评价在闸门底缘产生的下吸力作用，其物理意义就是指闸门底缘的平均下吸压强。图 5.1 按统一坐标轴 y 表示下吸力强度 P_x 的方向向上，因此当闸底呈下吸力作用时其值为负值。为分析闸门下吸力强度随水头的变化关系，这里将闸门底缘压力水柱（P_x/γ）与上、下游水头差（ΔH）的比值定义为下吸力系数 β_x，其表达式为

$$\beta_x=\frac{P_x/\gamma}{\Delta H} \tag{5.1}$$

其中

$$\Delta H=H_1-H_2 \tag{5.2}$$

5.2 计算工况参数的选取

为研究下游底缘体型及水头参数对闸门下吸力特性的影响，拟定不同的下游底缘倾角（α_2）及上、下游水头（H_1、H_2）参数进行计算分析，闸门关闭速度均取 $V_t=3.6\text{m/min}$，不同计算参数取值如下。

（1）下游底缘倾角 α_2：15°、30°、40°和 60°。

（2）上游水头 H_1：30m、60m、90m、106m、135m 和 150m。

（3）下游水头 H_2：0m，10m，15m、20m、30m、45m、60m、75m、90m 和 96m。

5.3 下游底缘倾角及高水头对闸门下吸力的影响

闸门设计规范规定：闸门下游底缘倾角一般不小于 30°，且下游底缘的下吸力强度按 20kN/m² 计算。高水头下闸门区的过流流速极大，闸后射流紊动及掺气剧烈，与闸门在低水头下过流动水闭门相比，闸门底缘的下吸力强度可能会发生变化。因此，本书首先通过不同下游底缘倾角和闸门水头的组合参数计算，研究闸门下吸力强度随底缘倾角及水头的变化规律。计算的工况参数见表 5.1。

表 5.1　不同下游底缘体型及上游水头的计算工况参数

计算工况	体型参数	水力参数	
	下游底缘倾角 α_2/(°)	上游水头 H_1/m	下游水头 H_2/m
1	15	106	0
2	30	60、106、150	
3	40	30、60、90、106、135、150	
4	60	60、106、150	

注　闸门关闭速度 $V_t=3.6\text{m/min}$。

5.3.1　不同下游底缘倾角闸门的下吸力特性

本节首先分析下游底缘倾角对闸门下吸力的影响。在考虑上游水头一定（H=106m）和相同闸门关闭速度（V_t=3.6m/min）下，闸门下游底缘倾角α_2分别为15°、30°、40°和60°时闸门底缘平均压力随闸门开度的变化曲线见图5.2。计算结果表明，对于不同倾角的下游底缘体型闸门，底缘压力随着闸门的关闭而不断降低，当闸门关闭至0.57开度附近时闸后呈满流向明流转换的强吸气状态，闸门底缘压力降低至最小并出现较强负压，闸底呈强烈的下吸压力特征。闸门开度小于0.5后的明流状态下闸底负压有所减小并逐渐稳定在一定的通气负压范围内。

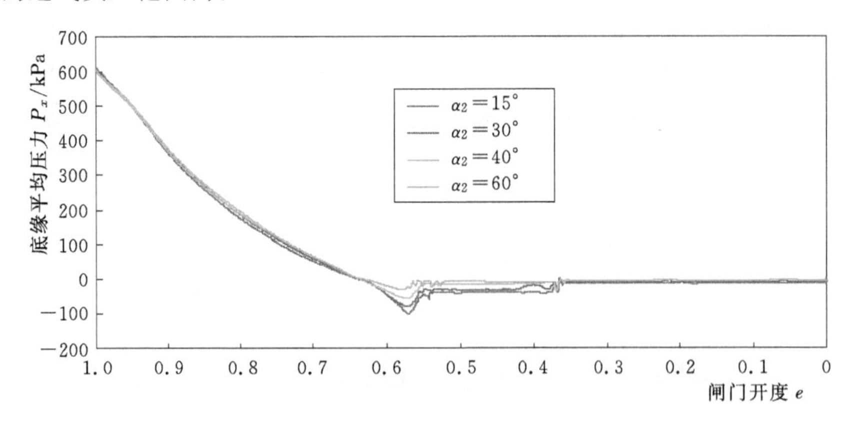

图 5.2　不同下游底缘倾角α_2下闸门底缘平均压力随闸门开度的变化曲线（H=106m）

闸后明满流过渡（e=0.5）状态下闸底下吸力强度最大，图5.3给出了该

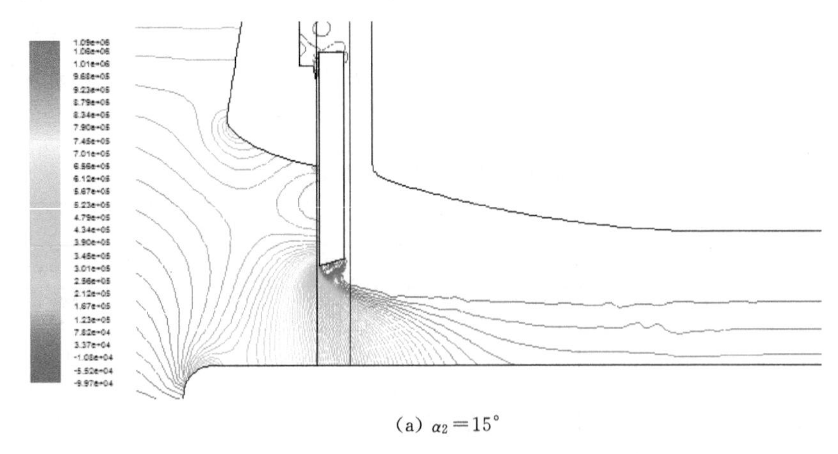

(a) α_2=15°

图 5.3（一）　不同下游底缘倾角α_2下闸门区压力分布（H=106m，e=0.5）

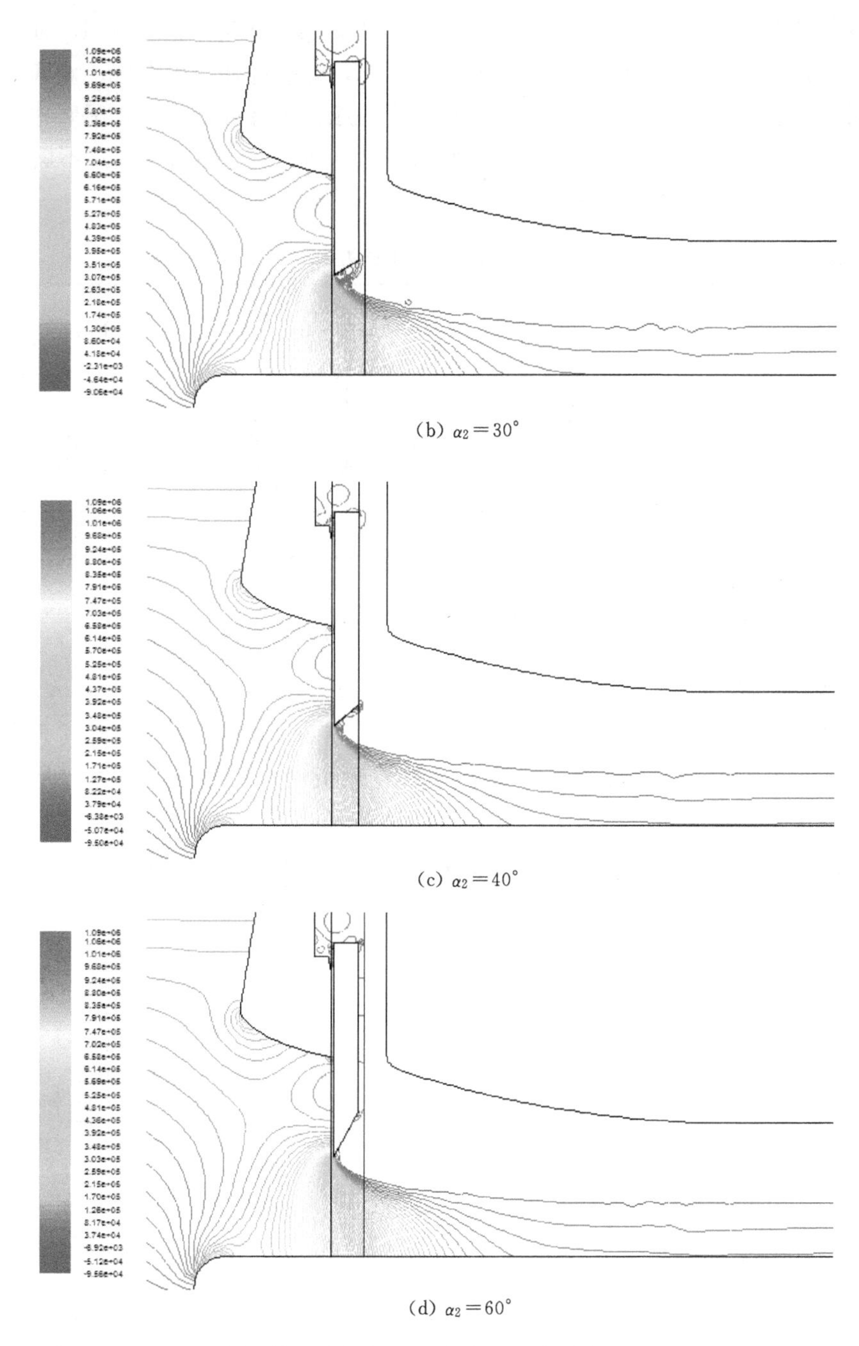

(b) $\alpha_2=30°$

(c) $\alpha_2=40°$

(d) $\alpha_2=60°$

图 5.3（二）　不同下游底缘倾角 α_2 下闸门区压力分布（$H=106$m，$e=0.5$）

闸门开度下闸门门体及底缘区压力分布，统计闸底最小压力（即最大下吸力强度）$P_{x\min}$值，见表 5.2。随着闸门下游底缘倾角 α_2 的减小，闸底最小负压的绝对值（最大下吸力强度）随之增大。下游倾角 α_2 从 60°逐步减小至 15°时，底缘下吸力强度从 31.0kPa 逐渐增大至 96.8kPa，已接近真空压力值。计算结果表明，随着下游底缘倾角的减小，闸后底缘的通气条件逐渐变差，闸底的负压绝对值及下吸力强度随之增大，且在闸门为高水头 106m 的条件下，不同底缘倾角闸门的最大下吸负压均大于 20kPa（kN/m^2）。

表 5.2　　不同下游底缘倾角下闸门底缘最小压力（最大下吸力强度）

上游水头 H_1/m	下游底缘倾角 α_2/(°)	底缘最小压力 $P_{x\min}$		闸门开度 e
		kPa	m 水柱	
106	15	−96.8	−9.87	0.56
	30	−81.2	−8.28	0.56
	40	−58.0	−5.91	0.56
	60	−31.0	−3.16	0.57

5.3.2　不同上游水头对闸门下吸力的影响

闸门上游水头 H_1 分别为 30m、60m、90m、106m、135m 和 150m 时，3 种典型闸门下游倾角底缘（α_2 分别为 30°、40°和 60°）平均压力随闸门开度的变化曲线见图 5.4。闸门开度在 0.55～0.57 附近时，闸底最小压力（最大下吸力强度）$P_{x\min}$及相应下吸力系数 $\beta_{x\max}$统计结果见表 5.3。下游底缘倾角一定时，随着上游水头的升高，闸底最小压力及下吸力强度随之增大，如当下游倾角 α_2＝40°，上游水头从 30m 增大至 150m 时，闸底最小压力逐步从−5.6kPa 增大至−92.4kPa。

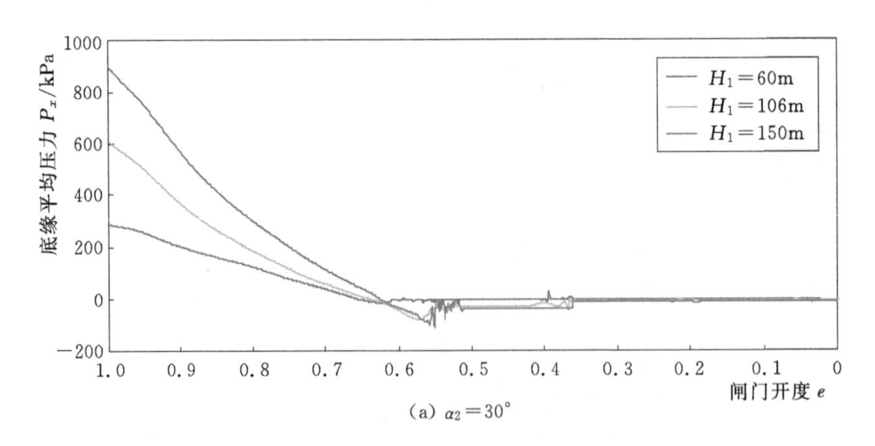

(a) α_2＝30°

图 5.4（一）　不同上游水头时闸门下游底缘压力变化曲线

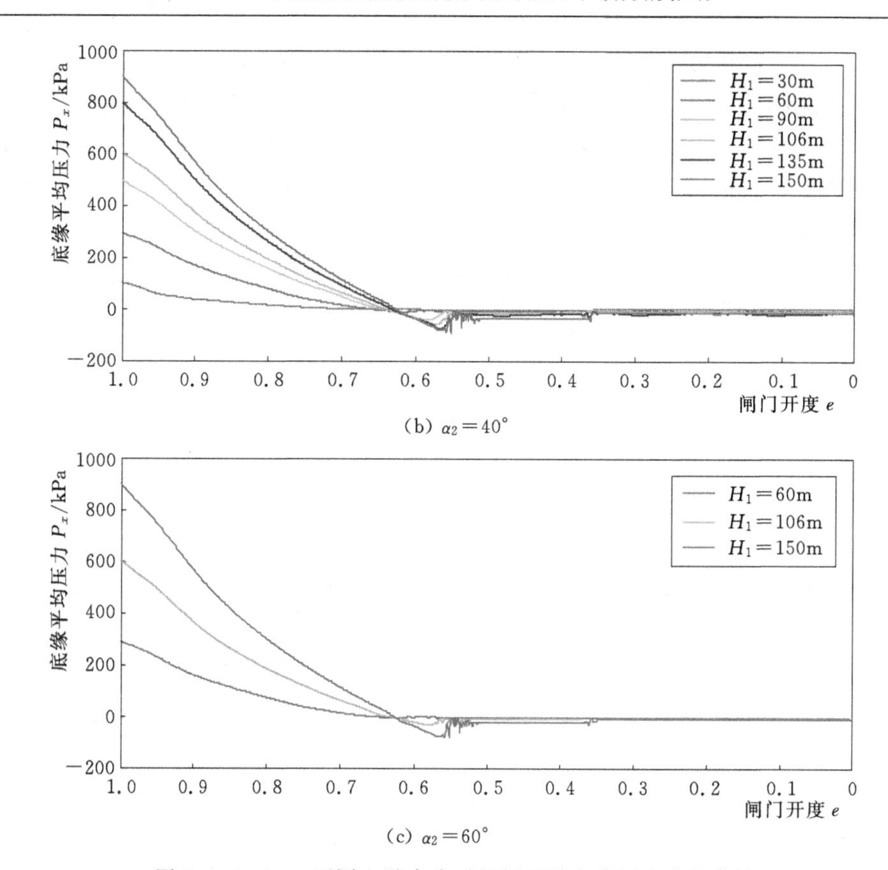

(b) $\alpha_2=40°$

(c) $\alpha_2=60°$

图 5.4（二）　不同上游水头时闸门下游底缘压力变化曲线

表 5.3　　　　　　不同上游水头下闸门下游底缘的最小压力

下游底缘倾角 α_2/(°)	上游水头 H_1/m	底缘最小压力 $P_{x\min}$		$\beta_{x\max}$
		kPa	m 水柱	
30	60	−19.8	−2.02	0.034
	106	−81.2	−8.28	0.078
	150	−101.6	−10.37	0.069
40	30	−5.6	−0.57	0.019
	60	−15.2	−1.55	0.026
	90	−40.6	−4.14	0.046
	106	−58.0	−5.91	0.056
	135	−78.5	−8.01	0.059
	150	−92.4	−9.42	0.063
60	60	−10.4	−1.06	0.018
	106	−31.0	−3.16	0.030
	150	−68.9	−7.02	0.047

3种典型下游底缘倾角闸门闸底的最大下吸力强度随上游水头 H_1 变化的关系曲线见图5.5。规范建议闸门底缘的下吸力强度按 $20kN/m^2$ 取值，从图5.5可以看出：下游底缘倾角在30°～60°范围内，当上游水头低于80～60m时，闸底下吸力强度才小于20kPa，当闸门水头高于该范围时闸底最大下吸力强度大大超过了20kPa。

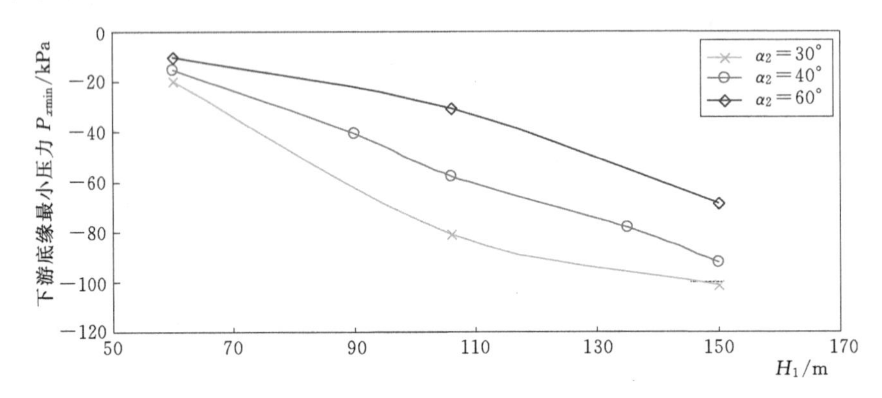

图5.5　不同倾角的下游底缘最大下吸压力强度与上游水头的关系曲线

综合分析上游水头及下游底缘倾角对闸门下吸力的影响，数值模拟结果显示在闸门水头高于60～80m的条件下，闸门底缘下吸力强度超过了规范的推荐取值。高水头下闸门强下吸力荷载会显著增大闸门的闭门力，从而提高对闸门启闭机容量的要求，因此本书给出的高水头条件下典型底缘倾角闸门下吸力强度的计算结果，可供相关高水头闸门设计参考。

5.4　尾水淹没条件对闸门底缘下吸力的影响

某些工程中闸门需要在尾水淹没条件下运行，由于下游尾水水头 H_2 的顶托作用，闸门底缘的下吸力可能转变为上托力，当上托力荷载过大时可能导致闸门无法正常关闭。因此，本节结合类似小湾底孔事故闸门体型，研究尾水淹没水头对闸门下吸力的影响，分析闸门下吸力性质发生变化的临界参数特征。

5.4.1　闸门底缘体型及计算工况

以类似小湾底孔事故闸门底缘（下游倾角40°）型式为基础，取闸门的上游水头分别为106m、60m和30m，假定闸门下游尾水淹没水头（H_2）分别在15～90m、15～45m和10～20m之间变化，相应的闸门上、下游水头差（ΔH）分别在91～16m、45～15m和20～0m范围内时，模拟分析闸门动水关闭过程中闸底压力 P_x（下吸力强度）随闸门开度的变化曲线，见图5.6，闸门上、下游水头组合计算的工况参数见表5.4。

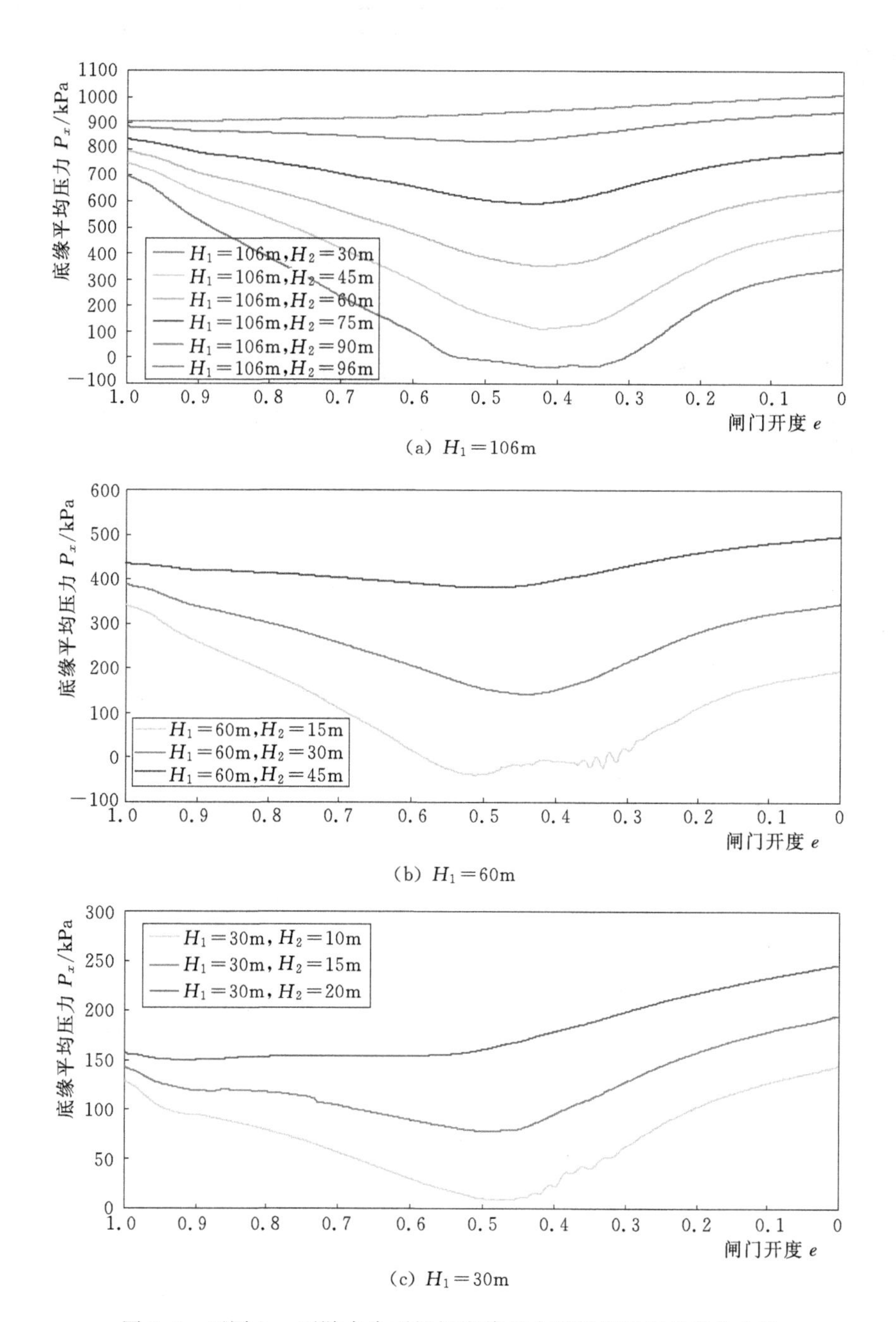

(a) H_1=106m

(b) H_1=60m

(c) H_1=30m

图5.6 不同上、下游水头下闸门底缘压力随闸门开度的变化曲线

表 5.4　　不同上、下游水头差下闸门下吸力的计算工况参数

计算工况	体型参数	水力参数		
	下游底缘倾角 α_2/(°)	上游水头 H_1/m	下游水头 H_2/m	上、下游水头差 ΔH/m
1	40	106	15、30、45、60、75、90	91、76、61、46、31、16
2	40	60	15、30、45	45、30、15
3	40	30	10、15、20	20、15、10

5.4.2　尾水淹没条件下闸门底缘的下吸力特性

不同尾水淹没条件下闸门底缘下吸力特征值的统计结果见表 5.5。当闸门上、下游水头差 ΔH 逐渐减小（下游水头 H_2 增大）时，下游尾水对闸门的顶托作用逐渐增强，闸底的下吸力作用随之逐渐减弱，当 ΔH 降低至一定程度时，闸门下游底缘的下吸力会转变为上托力。闸门上游水头 H_1 分别为 106m、60m 和 30m，下游水头分别增大至 30m（$\Delta H<76$m）、15m（$\Delta H<45$m）和 10m（$\Delta H<20$m）以上后，计算发现作用在闸门底缘上的下吸压力荷载均转变为上托力作用荷载。对于部分利用下吸力闭门的闸门，由于在较大的尾水淹没运行条件下闸门底缘的下吸力会转变为上托力，从而降低闸门的闭门力，因此需要注意当闸门重力设计不足或闭门摩擦力较大时，其可能对闸门正常关闭造成的不利影响。

表 5.5　　不同尾水淹没条件下闸门底缘下吸力特征值

上游水头 H_1/m	106					
下游水头 H_2/m	15	30	45	60	75	90
水头差 ΔH/m	91	76	61	46	31	16
淹没水头系数 $\Delta H/H_2$	6.07	2.53	1.36	0.77	0.41	0.18
底缘最小压力 $P_{x\min}$/kPa	−67.43	−38.60	109.31	351.15	591.46	830.34
最小下吸力系数 $\beta_{x\min}$	−0.076	−0.052	0.183	0.778	1.945	5.290
上游水头 H_1/m	60			30		
下游水头 H_2/m	15	30	45	10	15	20
水头差 ΔH/m	45	30	15	20	15	10
淹没水头系数 $\Delta H/H_2$	3.00	1.00	0.33	2.00	1.00	0.50
底缘最小压力 $P_{x\min}$/kPa	−39.30	141.33	380.96	8.75	78.13	149.46
最小下吸力系数 $\beta_{x\min}$	−0.089	0.480	2.589	0.045	0.531	1.524

5.4.3　闸门底缘的下吸力系数

表 5.5 给出了不同上、下游水头差下闸底的最小下吸力系数 $\beta_{x\min}$ 值，这里

将下游水头 H_2 与上、下游水头差 ΔH 的比值 $H_2/\Delta H$ 定义为淹没水头系数，将闸门的最小下吸力系数 $\beta_{x\min}$ 与淹没水头系数（$H_2/\Delta H$）的关系绘制于图 5.7 中，由图 5.7 可以看出：闸门最小下吸力系数均呈随淹没水头系数增大而增大的变化规律，且计算散点值基本分布在同一条二项式函数曲线上，这表明淹没水头的无量纲系数可以较好地反映其对闸门下吸力的影响。闸门最小下吸力系数和淹没水头系数按二项式函数拟合的方程为

$$\beta_{x\min}=0.01528(H_2/\Delta H)^2+0.0315(H_2/\Delta H)-0.4142 \tag{5.3}$$

其中 $0.18<H_2/\Delta H<6.07$。

根据最小下吸力系数和淹没水头系数的拟合式，当淹没水头系数 $H_2/\Delta H>0.45$ 时，闸门的最小下吸力系数 $\beta_{x\min}>0$，可用来判断闸门底缘（下游倾角为 40°）下吸力转变为上托力的临界淹没水头条件。

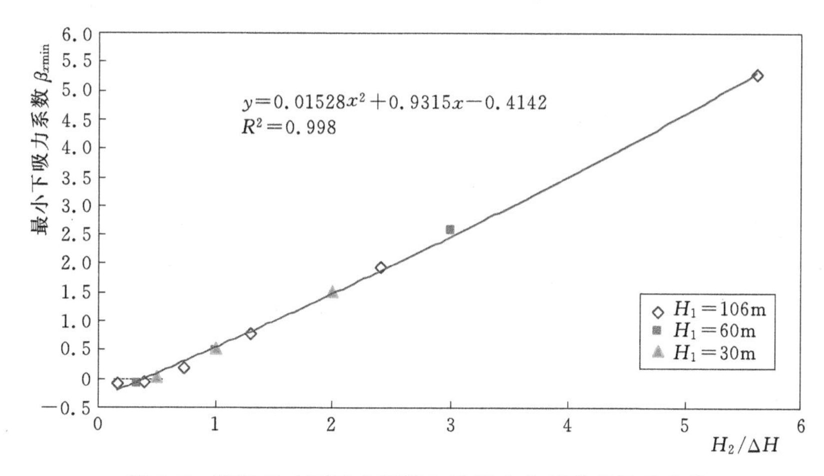

图 5.7 闸门最小下吸力系数与淹没水头系数的关系曲线

5.5 小结

本章采用闸门动水闭门的水动力数值模拟方法，深入研究了下游底缘体型及上、下游水头参数对闸门下吸力特性的影响规律，主要研究成果和结论如下。

（1）获取了闸底下吸力强度随下游底缘倾角的变化规律。数值计算表明下游底缘倾角越小，闸门的下吸力越强，且最大下吸力均出现在闸后满流转变为明流过程中。闸门高水头（超过 106m）条件下不同典型底缘倾角闸门的最大下吸力强度均大于 20kPa。

（2）揭示了上游水头对闸门下吸力的影响规律。数值模拟结果显示上游水头越高，闸门下游底缘的负压及下吸力越大。在闸门水头高于 60～80m 的条

件下，闸门底缘下吸力强度超过了规范的推荐取值。本书给出了典型下游底缘体型闸门下吸力强度随上游水头的变化关系，可为相关高水头闸门设计和应用提供参考。

（3）揭示了闸底下吸力及下吸力系数随尾水淹没水头的演变规律。闸门的下吸力与上、下游水头差密切相关，闸门最小下吸力系数与淹没水头系数符合二次函数的拟合关系。当淹没水头系数大于 0.45 时，闸门的最小下吸力系数大于零，闸门底缘的下吸力开始转变为上托力。

第6章　总结与展望

高水头平面事故闸门的动水关闭是国内外水利水电工程领域一个广泛关注的重要问题，闸门的水动力性能研究具有很大的实用价值。本书结合闸门水动力实验及数值模拟的最新研究进展，针对典型高水头平面事故闸门开展了水动力学模型试验，研究了闸门动水关闭的水流流态及水动力荷载变化特征；在物理模型试验及原型观测结果验证数值模拟方法的基础上，对平面事故闸门动水关闭的上托力及下吸力等水动力特性进行了系统深入的研究，并提出了相关研究结论。

6.1　主要结论

（1）采用大比尺闸门水动力实验方法，研究了典型底缘型式平面事故闸门动水闭门的水流流态演变特征及门体水动力荷载变化特性。实验揭示了闸门水头、初始流量及流道长度等对闸后明满流转换临界开度和过渡形态的影响；实验重点研究了两种典型底缘型式闸门门体水动力荷载随闸门开度的变化规律，研究表明上游底缘倾角及初始流量显著影响闸门的上托力，闸门底缘倾角增大后闸底的上托力显著增大，随着初始引水流量的升高，闸门上托力的下降幅度随之增强。对于典型下游底缘布置型式的闸门，试验表明闸门底缘下吸力荷载随闸门水头的升高而明显增大，采用上游面板止水方式时闸门门顶水柱压力随闸门开度减小而逐步减小。

（2）建立了平面闸门动水闭门的水动力数值模型，首次结合物理模型试验及原型观测结果，提出了适合高水头平面闸门动水关闭的水动力数值模拟方法。采用 RNG $k-\varepsilon$ 紊流模型模拟了闸门区的弯曲绕流和分离形水流，选取的 VOF 方法能较好地处理闸后水气两相分层流动，采用“域动网格”和动态分层的网格适应技术提高了计算精度，数值计算和实验结果对比吻合良好，数值模拟的精度能够满足工程设计的需要，所提出的数值模拟方法能较好地模拟闸门动水关闭的复杂水流流场及水动力特征。

（3）系统研究了闸门上游底缘体型及水力因素对闸门水动力特性的影响，揭示了闸门体型及水头参数和闸门上托力的影响规律，针对高水头运行条件提出了闸门体型参数的取值建议，为高水头闸门设计及应用提供了参考依据。数值模拟分析结果表明，闸门上托力和上托力系数受底缘倾角及厚度参数的双重影响。闸底的上托力随上游倾角的增大而增大，闸门最小上托力系数与上游底缘倾角基本呈线性变化关系。既定闸门上游底缘倾角体型下，闸门最小上托力系数随底缘厚度的减小而降低，当底缘厚度降低至一定程度时闸门的上托力荷载还会转变为下吸力。研究表明，为防止闸底出现较大负压，除了参照闸门设计规范取上游底缘倾角不小于45°以外，还需考虑上游底缘厚度对闸门上托力的影响。本书提出了闸门最小上托力系数随底缘倾角和厚度参数组合变化的关系，针对典型上游底缘倾角体型闸门给出了避免闸门上托力系数小于零的临界底缘厚度值，可为相关工程的闸门设计和应用提供科学依据。

（4）研究揭示了水头及闸门启闭速度等水力参数对闸门上托力的影响。高水头及高流速下闸门底缘头部呈大逆压力梯度分布特征，闸门底缘头部压力的降低幅度随水头升高而显著增大。闸门关闭速度对底缘压力及上托力的影响较小，仅需关注闸门关闭速度较快引起闸后补气量增大及通气断面不足的问题。

（5）首次系统研究了下游底缘倾角及上、下游水头参数对闸门下吸力的影响规律，为高水头闸门下游底缘选型及水力参数设计提供了科学依据。数值计算表明，下游底缘倾角越小，闸门的下吸力越强；上游水头越高，闸门下游底缘的负压及下吸力则越大。在闸门水头高于60～80m的条件下，闸门底缘下吸力强度超过了规范的推荐取值。本书提出了典型下游底缘体型闸门下吸力强度随闸门水头的变化关系，可为相关高水头闸门设计和应用提供参考。

（6）深入研究了尾水淹没条件对闸门下吸力的影响，揭示了闸门下吸力及下吸力系数随淹没水头的变化规律。研究表明，闸门最小下吸力系数与淹没水头系数符合二次函数的拟合关系。当淹没水头系数大于0.45时，闸门的最小下吸力系数大于零，闸门底缘的下吸力性质发生了转变。

6.2　创新点

（1）首次结合物理模型试验及原型观测结果，论证提出了适合高水头平面闸门动水关闭的水动力数值模拟方法。数值模拟结果的精度能够满足工程设计的需要，为高水头闸门动水关闭水动力荷载的计算提供了一个新的途径。

（2）首次系统深入研究了闸门上游底缘倾角、底缘厚度、运行水头及启闭速度等参数对闸门上托力的影响，揭示了运行水头对闸门上托力的影响规律，给出了闸门最小上托力系数随上游底缘倾角线性增大的关系，提出了闸门底缘压力随上游底缘厚度减小而降低的影响关系，对闸门上游底缘倾角及厚度的取值给出了建议，为高水头闸门的工程设计和应用提供了参考依据。

（3）首次系统深入研究了下游底缘倾角及上、下游水头对闸门下吸力的影响，发现高水头下闸门下吸力强度大大超过规范的推荐取值，同时给出了下吸力系数和淹没水头系数定量关系的计算公式，为高水头闸门下游底缘选型及水力参数设计提供了科学依据。

6.3 工作不足及展望

本书针对高水头平面闸门动水关闭的水动力特性问题进行了系统深入的研究，但由于问题的复杂性，作者深感在以下方面还需进一步探索和研究。

（1）工程中不少闸门采用上、下游底缘的组合型式，与单一上游或下游底缘型式闸门相比，由于闸底过流流线形态会发生变化，单一上游或下游底缘型式闸门的研究结论是否适用还需要验证，上、下游底缘组合体型对闸门水动力特性的影响有待进一步研究。

（2）闸门明满流过渡过程中的射流掺气、门楣缝隙射流对闸门水动力特性的影响，也有待从数值模拟等方法上进一步完善和研究。

参 考 文 献

[1] 金泰来. 高坝闸门总体布置 [M]. 北京：科学出版社，1994.

[2] 金泰来. 高压闸门的水力特性 [M]. 北京：水利出版社，1958.

[3] 潘家铮，何璟. 中国大坝50年 [M]. 北京：中国水利水电出版社，2004.

[4] 陈椿庭. 高坝大流量泄洪建筑物 [M]. 北京：科学出版社，1994.

[5] 肖兴斌，王业红. 高水头平板闸门水力特性研究 [J]. 水利水电科技进展，2001 (8)：29-32.

[6] 吴一红，章晋雄，张东，等. 小湾水电站坝身底孔事故检修闸门动水启闭试验研究 [R]. 中国水利水电科学研究院，2005.

[7] 博罗恩斯基. 水工建筑物的深孔闸门 [M]. 北京：电力工业出版社，1981.

[8] H. B. 哈尔杜林娜. 压力廊道中平板闸门下水流情况和闸门上的水流压力 [C] //水力译丛. 1956.

[9] Zhang Jinxiong，Wu Yihong. POWER INTAKE STRUCTURE MODEL TESTING in MICA DAM 5&6 PROJECT [R]. Beijing：IWHR，2011，

[10] 中华人民共和国水利部. SL 74—2013 水利水电工程钢闸门设计规范 [S]. 北京：中国水利水电出版社，2013.

[11] 李国庆，杨纪伟，等. 天桥水电站泄洪洞工作闸门启闭力原型观测成果分析 [J]. 水利水电技术，2005，36 (10)：41-43.

[12] 陈仰熙. 水口水电站溢洪道事故检修闸门动水关闭试验 [J]. 水电站机电技术，1998 (1)：68-69.

[13] 曹以南，曾云军，等. 深孔链轮闸门在漫湾电站的应用 [J]. 云南水力发电，1995 (12)：22-27.

[14] 余俊阳，曹以南，等. 小湾拱坝放空底孔闸门设计研究 [R]. 水电2006国际研讨会，2006.

[15] 龙朝晖. 溪洛渡水电站深孔事故闸门和工作闸门的设计 [J]. 水电站设计，2003，19 (1)：12-18.

[16] 安徽省水利局勘测设计院. 水工钢闸门设计 [M]. 北京：水利出版社，1980.

[17] Naudascher E，Kobus H E，Rao R P R. Hydrodynamic analysis for high-head leaf gates [J]. Journal of the hydraulics division，1964，90 (3)：155-192.

[18] Naudascher E，ASCE F，Palipu V R，et al. Prediction and control of downpull on tunnel gates [J]. Journal of Hydraulic Engineering，1986，122 (5).

[19] Naudaschers E. Hydrodynamic forces [C] //IAHR，Structure Design Manual. Sweden，1991.

[20] Smith Peter M，Jack M. Garrison，Hydraulic Downpull on Ice Harbor Power Gate [M]. U. S. Army Engineer District，Corps of Engineers，1963.

[21] Murray R I，Simmons W P. Hydraulic Downpull Forces on Large Gates [M].

U. S. Govt. Print. Off，1966.

[22] Sagar B T A. Downpull in high - head gate installations [J]. Water Power and Dam Construction，1977 (3)：38 - 39.

[23] Sagar B T A. Prediction of gate shaft pressure in tunnel gate [J]. Water Power and Dam Construction，March，1978.

[24] Sagar B T A. Gate lip Hydraulics [J]. Water Power and Dam Construction，March，2000.

[25] 谢省宗．快速闸门动水下降某些水力学问题分析 [C] //水利水电科学研究院科学研究论文集第 13 集．北京：水利电力出版社，1983：79 - 94.

[26] 哈焕文，郑大琼，快速闸门动水下降持住力的试验研究 [C] //水利水电科学研究院论文集. 北京：水利电力出版社，1990：12 - 21.

[27] 陈怀先，孙才良，等．水电站进水口平面快速闸门的水力试验研究 [J]. 河海大学学报，1989：17 (5)：64 - 72.

[28] 金泰来，潘水波，等．深孔事故闸门水力及启闭力特性研究 [R]. 中国水利水电科学研究院，1992.

[29] 刘维平．水电站进水口快速闸门水力学分析 [J]. 水科学进展，1994，5 (4)：309 - 318.

[30] Ahmed T M. Effect of Gate Lip Shapes on the Downpull Force in Tunnel Gates [D]. Baghdad：University of Baghdad，1999.

[31] 肖兴斌，王业红．高压闸门水力特性试验研究与应用 [J]. 长江职工大学学报，2000，17 (3)：1 - 8.

[32] 王业红，肖兴斌. 高水头平板闸门水力特性研究 [J]. 水电工程研究，1999 (3)：27 - 36.

[33] 王才欢，张晖，等．三峡电站进水口平面快速事故闸门水力特性试验研究 [J]. 水利水电技术，2005，36 (10)：17 - 26.

[34] 周通. 高压平板闸门水力特性及流激振动研究 [D]. 天津；天津大学，2006.

[35] 吴一红，谢省宗，等. 水工结构流固耦合动力特性分析 [J]. 水利学报，1995，9 (1)：27 - 34.

[36] 章晋雄，吴一红，等．基于改造底缘的电站事故平板闸门启闭力优化试验研究 [J]. 水利水电技术，2013，44 (7)：134 - 137.

[37] 张文远，吴一红，等．溪洛渡水电站泄洪洞事故闸门动水下门试验研究 [J]. 水利水电技术，2007，38 (1)：86 - 88.

[38] 吴一红，高建标，李长河，等. 溪洛渡深孔事故闸门闭门力和工作闸门流激振动模型试验研究 [R]. 中国水利水电科学研究院，2001.

[39] 王韦，杨永全．孔板泄洪洞事故闸门动水下门实验研究 [J]. 水利学报，2003 (1)：39 - 44.

[40] AISC - 1999. Load and resistance factor design specification for structural steel buildings [S]. 1999.

[41] 黄金林．平面闸门底缘型式及选择 [J]. 长春工程学院学报（自然科学版），2004 (2)：44 - 45.

[42] 张黎明，夏毓常．闸门水力特性原型模型成果对比分析 [J]. 水利水电工程设计，2000，19 (1)：41 - 43.

[43] 何小新．平板闸门底缘上托力的数值计算 [J]. 水利电力机械，1992 (4)：8-11．
[44] 夏毓常．高水头平面闸门垂直动水压力计算 [J]. 人民长江，1979 (4)：63-74.
[45] 张瑞凯. 三峡船闸末级闸首超长泄水廊道中阀门水力学关键问题研究 (2) ——事故动水关闭过程的阀门水动力学特性 [J]. 水利水运工程学报，2001 (2)：3-9.
[46] 沙海飞，周辉，等．用动网格模拟闸门开启过程非恒定水流特性 [C] //中国水利学会第二届青年科技论坛论文集. 2007：319-324.
[47] Andrade J L, Amorim J C. Analysis of the hydrodynamic forces on hydraulic flood gates [J]. AIAA Journal, 2003, 21 (10).
[48] Zlatko Rek, Anton Bergant. Analysis of hydraulic characteristics of guard-gate for hydropower plant [J]. Journal of Mechanical Engineering, 2008, 54: 3-10.
[49] 朱仁庆，杨松林，王志东．闸门开启过程中水体流动的数值模拟 [J]. 华东船舶工业学院学报，1998，12 (3)：18-21.
[50] 刘洪波，韩平．闸门水力特性综述 [J]. 南水北调和水利科技，2005：3 (2)：56-58.
[51] 杨忠超，杨斌，等. 高水头船闸阀门段体型优化三维数值模拟 [J]. 水利水电科技进展，2010 (4)：10-13.
[52] 李利荣. 水力自动滚筒闸门水动力特性数值模拟 [J]. 水利学报，2010 (1)：30-36.
[53] 章晋雄，吴一红，等．高水头平面闸门动水关闭的水动力特性数值模拟研究 [J]. 水力发电学报，2013，32 (5)：184-190.
[54] 章晋雄．高水头平面事故闸门动水关闭的水动力特性及门槽水力特性研究 [D]. 北京：中国水利水电科学研究院，2013.
[55] 潘振华. 黄浦江旋转闸门的三维水动力分析 [D]. 上海：上海交通大学，2007.
[56] 戴会超，王玲玲．三峡永久船闸阀门段廊道水力学数值模拟 [J]. 水力发电学报，2005，24 (3)：89-92.
[57] 中国科学院水工研究室. 高速水流论文译丛（第一册） [C]. 北京：科学出版社，1958.
[58] 潘水波，金泰来，钱鸣声，等. 水工闸门门槽的水力设计 [C] //水利水电科学研究院论文集. 1990.
[59] 金泰来，刘长庚，等．门槽水流空化特征的研究 [C] //水利水电科学研究院科学研究论文集第 13 集. 北京：水利电力出版社，1983.
[60] 支道枢，等. 矩形门槽水力特性研究 [J]. 水利水电科学研究院水力学，1982.
[61] 陈霞. 表孔门槽空化特性的研究 [D]. 大连：大连理工大学，1999.
[62] 陆望程，等. 门槽附近的某些静压特征 [J]. 水力机械和金属结构，1981 (1)：28-35.
[63] 何子干，倪汉根，等．平面闸槽区紊流场计算 [J]. 水动力学研究与进展，1988 (1)：29-34.
[64] 李炜，谢文高，等．二维闸槽区压强分布的数值预报 [J]. 武汉水电学院院学报，1990，23：18-22.
[65] 童小娇．平面闸槽区湍流场的数值模拟 [J]. 长沙水电师院学报，1988，3 (3)：1-9.
[66] 张云，杨永全. 门槽紊流的数值模拟 [J]. 水利学报，1994 (9)：47-53.
[67] 张云，吴持恭，等．平面闸槽区湍流场的数值模拟 [J]. 水利学报，1994 (9)：47-53.
[68] 张卓．门槽水流的数值模拟及其空化特性分析 [D]. 南京：河海大学，2007.
[69] 吴健强．门槽空化特性及数值模拟研究 [D]. 成都：四川大学，2005.

[70] Y Chen, S D Hester. A numerical treatment for attached cavitation [J]. J. Fluids Eng, 1994 (116): 613.

[71] Desh Pande M, Feng J, Merkle C L. Numerical modeling of the thermodynamic effects of cavitation [J]. Journal of Fluids Engineering, 1994 (119): 420-425.

[72] 岳元璋．矩形方角门槽流谱和空化特性的研究 [C] //水利水电科学研究院论文集．北京：水利电力出版社，1986：277-484.

[73] 黄荣彬，杨纪元，刘长庚，等．泄水孔斜交门槽的压力特性和空化特性 [J]．水力发电，1997 (4)：45-47.

[74] 梁宗祥．拉西瓦水电站中孔倾斜门槽试验研究 [J]．西北水资源和工程，1990 (3)：65-71.

[75] 陈怀先，胡明，等．斜坡进水口段平面快速闸门底缘型式的水力试验研究 [J]．河海大学学报，1995 (6)：49-55.

[76] Deardorff J W. A numerical study of three-dimensional turbulent channel flow at large Reynolds numbers [J]. Journal of fluid Mechanics, 1970 (41): 453-480.

[77] Qian Z D, Yang J D. Comparison of numerical simulation of pressure pulsation in Francis hydraulic turbine by different turbulence models [J]. Shuili Fadian Xuebao/Journal of Hydroelectric Engineering, 2007, 26 (6): 111-115.

[78] Speziale C G, Gatski T B, Fitzmaurice N. An analysis of RNG based turbulence models for homogeneous shear flow [J]. Physics of Fluids A, 1991, 3 (9): 2278-2281.

[79] Versteeg H K, Malalasekera W. An Introduction to Computational Fluid Dynamics: The Finite Volume Method [M]. Wiley, New York, 1995.

[80] Yakhot V, Orszag S A. Renormalization group scientific computing [J]. Journal of Scientific Computing , 1986, 1 (1): 1-11.

[81] 李玲，李玉梁．应用基于 RNG 方法的湍流模型数值模拟顿体绕流的湍流流动 [J]．水科学进展，2005，11 (4)：357-361.

[82] Christakis N, Allsop N W H, Cooper A J, et al . A volume of fluid numerical model for wave impacts at coastalstructures [J]. Proceedings of the Institution of Civil Engineers: Water and Maritime Engineering, 2002, 154 (3): 159-168.

[83] Youngs D L. Time-dependent multi-material flow with large fluid distortion [M] // K W Morton, M J Baines. Numerical Methods for Fluid Dynamics. Academic Press, 1982.

[84] 李玲，陈永灿，李永红．三维 VOF 模型及其在溢洪道水流计算中的应用 [J]．水力发电学报，2007，26 (2)：83-87.

[85] 王福军．计算流体动力学分析——CFD 软件原理与应用 [M]．北京：清华大学出版社，2004.

[86] 焦爱萍．高拱坝多层射流水垫塘流动特性和消能机理研究 [D]．北京：北京航空航天大学，2008.

[87] Hirt C W, Nichols B D . Volume of fluid (VOF) method for the dynamics offree boundaries [J]. J . Comput Phys. , 1981, 39: 206-225.

[88] Cheng Xiangju, Chen Yongcan, Luo Lin. Numerical simulation of air-water two-phase flow over stepped spillways [J]. Science in China Series E-Technological Sci-

ences，2006，49 (6)：674 - 684.

[89] 董曾南．水力学 [M]. 北京：高等教育出版社，1981.

[90] 章梓雄，董曾南．粘性流体力学 [M]. 北京：清华大学出版社，1998.

[91] 苑明顺．计算流体力学 [Z]. 清华大学，2007.

[92] Robin R, Bernard P, Frank T. An application of the vorticity - vector potential method to laminar cube flow [J]. International Journal for Numerical Methods in Fluids, 1990, 10 (8): 875 - 888.

[93] Chorin A J. Numerical solution of the N - S equations [J]. Mathematics of Computation, 1968, 22 (4): 745 - 762.

[94] 傅德薰．流体力学数值模拟 [M]. 北京：国防工业出版社，1993.

[95] 倪新贤，江春波，等．闸门对水力过渡特性影响研究 [J]. 水力发电，2010，36 (10)：59 - 61.

[96] 童亮，余罡，等．基于 VOF 模型与动网格技术的两相流耦合模拟 [J]. 武汉理工大学学报，2008，30 (4)：525 - 528.

[97] 王列．江口水电站斜门槽水力特性研究 [J]. 长江科学院院报，2002 (8)：3 - 6.